生活風！
十字繡 & 縮褶繡
隨身小物

花栗鼠的
十字繡

Design おぐら みこ
How to make P58

CONTENTS

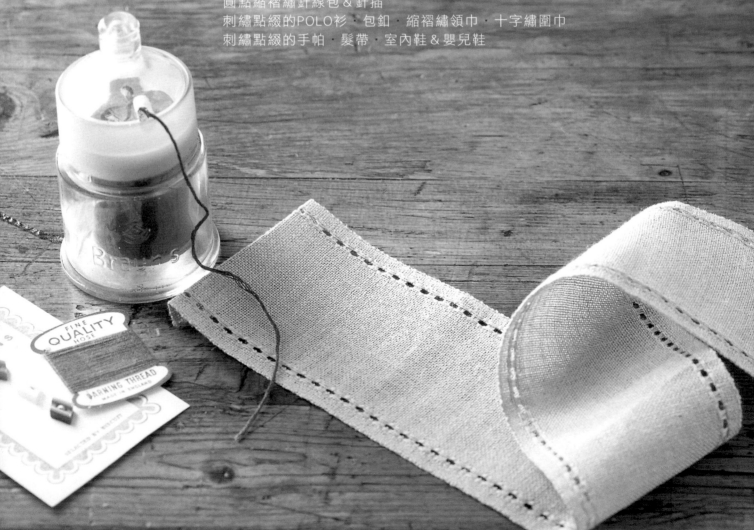

Part 1
包包 & 零錢包

我們準備了最適合帶到附近辦事情
『簡單又可愛』的手提袋。
用棉布與亞麻布一針一針縫製而成的包包，
弄髒了隨時可以水洗，也是它的魅力所在。

小包包a　b

Design かなやゆみ

How to make P49

漂亮到忍不住想要偷偷藏在手提袋裡的小包包。

最適合用來放化妝用具。

使用十字繡專用的布，比較好算格數，

就算是初學者也可以輕易繡好。

c

a

2　口金零錢包a　b　c　d
Design 和家美紀
How to make P51

d

b

觸感柔和的白色亞麻布，
搭配紅色與黑色的十字繡，非常搶眼。
是一款忍不住想要多做幾個的萬用小零錢包。

3 束口袋

Design 白石有紀
How to make P52

一點點縮褶繡，
加上蕾絲的直線相當浪漫。
亞麻布和蕾絲的組合相得益彰，
非常可愛。

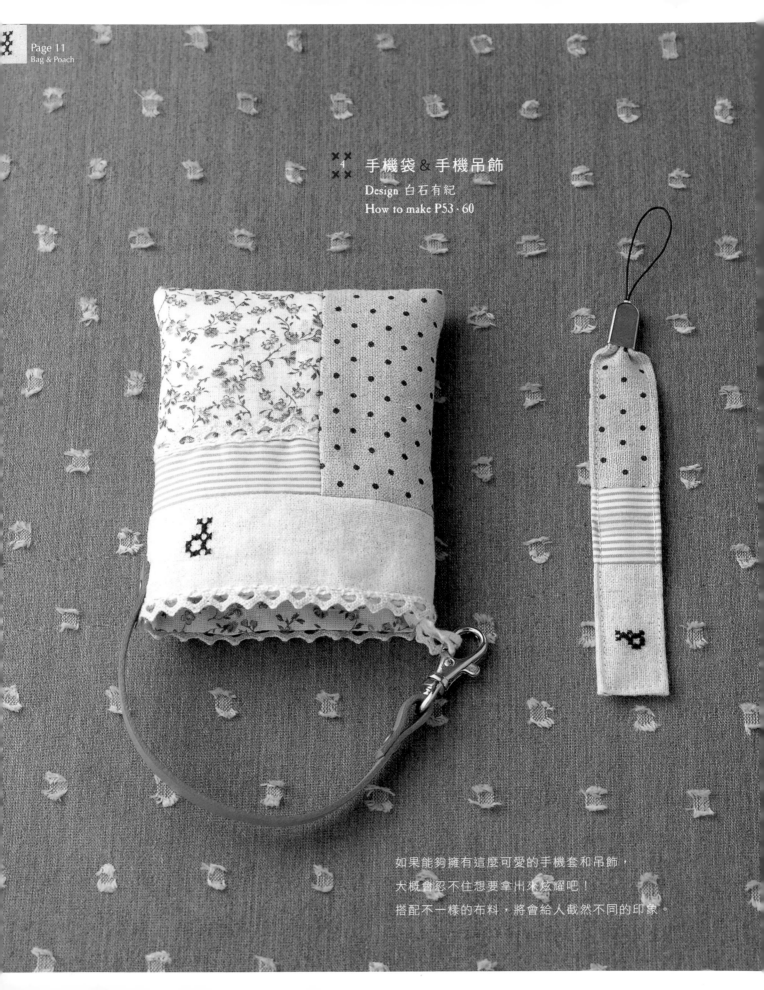

4 手機袋 & 手機吊飾
Design 白石有紀
How to make P53・60

如果能夠擁有這麼可愛的手機套和吊飾，
大概會忍不住想要拿出來炫耀吧！
搭配不一樣的布料，將會給人截然不同的印象。

5 蜂巢縮褶繡的包包

Design 青木惠理子
How to make P54

用活用範圍比較廣的方格子,刺繡製成的縮褶繡包包。

繡法十分簡單,建議初學者挑戰看看。

張力十足的亞麻布配上柔軟的褶襉,呈現柔和的氣氛。

6
鑽石縮褶繡的包包
Design 青木惠理子
How to make P55

鼓鼓的形狀，兩側縮起來的皺褶

讓這個包包看起來非常可愛，

以圓點圖案為標記製作縮褶繡。

× ×
7
× ×
十字繡扁包
Design ナカダミエコ
How to make P56

用紅色的繡線，
在簡單的縱長型亞麻布包上繡一條直線狀的十字繡。
只不過多了一點刺繡，看起來就很有型。

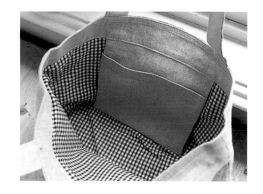

8 十字繡托特包

Design ナカダミエコ
How to make P57

將長方型包包的兩側折起來加上底部，做法簡單的包包。

星形的刺繡點綴相當搶眼，

就算每天使用也不會厭倦的設計。

Part 2
漂亮的生活雜貨

心儀的可愛雜貨，別說使用了，

光是擁有就令人感到雀躍不已。

為您介紹充滿了手工製作的暖意，

以及滿懷幸福的特選雜貨。

9
10 賀卡
Design おぐらみこ
How to make P58

送給重要的人的賀卡，
懷著「恭喜」的心情，刺下每一針。
一張世界上獨一無二的手工卡片，是不是很棒呢？

結婚賀卡的十字繡圖案
Design おぐらみこ

結婚賀卡搭配顏色高雅的繡線。

用銀色或金色的線來繡也很棒。

請務必用自己喜歡的布來試試看。

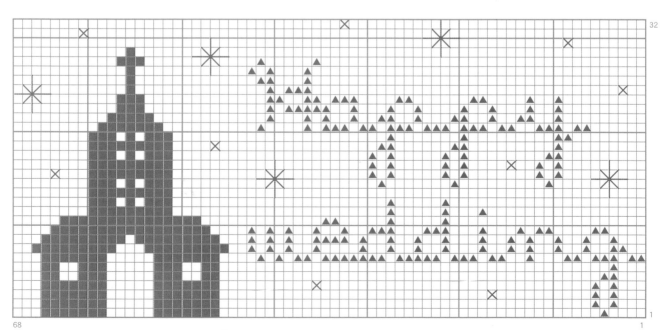

32

68

1

■ = DMC 794　　▲ = DMC 3325　　╳ · ✳ = DMC 822

How to make P59

× ×
‖
× ×
書套 & 書籤

Design 和家美紀

使用觸感良好的柔軟亞麻布

製作的書套與書籤。

用得愈久會更有味道。

在書籤的四周包上蕾絲做裝飾。

12 香包

13 筆袋

Design 和家美紀
How to make 12=P60 13=P61

將兩個看起來像小枕頭的香包疊起來，

用刺繡的織帶繞一圈纏起來。

迷人的香氣和可愛的形狀令人陶醉。

兩側縫上皮革，個性十足的筆袋。

在黑色的亞麻布上用白色的繡線，十分引人注目。

成熟的設計，男性也可以使用。

14 十字繡針線盒．針插．剪刀套

Design 和家美紀
How to make P62 · 63

設計別緻的裁縫組合，
就算純欣賞也非常可愛。
籐籃加上四股編成的皮繩，用起來更方便。

蓋子四周的蕾絲，加強整體的氣氛。　　　　　　　　　因為是頻繁取用的物品，所以要做得耐用一點。

用亞麻布施以十字繡製成的布標，感覺更高級了。

✗
15 圓點縮褶繡針線包 & 針插

Design 生駒桃子
How to make P64·65

這種縮褶繡看起來像是一朵朵盛開的小花，

其實原本的布是圓點圖案。

圓圓的針插，配合菱形的線條

可以將不同用途的針插在不同的區塊，相當方便。

16 刺繡點綴的POLO衫
Design おぐらみこ
How to make P68

簡單的素面POLO衫
只要加上小巧的刺繡點綴，就變得充滿個性！
卡其色配上黑色的刺繡非常好看。

包鈕
各種不同的
十字繡
Design おぐらみこ

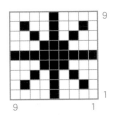

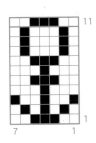

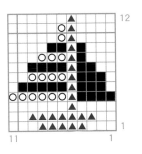

■ = DMC 310
▲ = DMC 321
○ = DMC BLANC

× ×
  17   包鈕 a・b・c・d・e・f
× ×

Design おぐらみこ
How to make P68

用棉布或亞麻布一針一針地繡好，

只要固定在底座上，就是一顆簡單的包鈕。

縫在包包或襯衫上都很可愛。

✕✕ ✕✕ 18 縮褶繡領巾

Design かなやゆみ
How to make P67

配合薄布料領巾的條紋花樣，施以縮褶繡。
用象牙色和紅色的繡線，展現更可愛的感覺。
在下襬加一層蕾絲，增添浪漫的情趣。

19 十字繡圍巾
Design かなやゆみ
How to make P66

就算是基本款式，平常只能擔任配角的圍巾，
只要運用十字繡和蕾絲，就變得超可愛。
思索這條圍巾要配什麼衣服，也是一件樂事。

20 刺繡點綴的手帕a‧b

Design 白石有紀
How to make P66

在淡色系的手帕上，深色的繡線看起來非常醒目。

明明只繡了一小部分，

感覺卻像是自己專屬的，讓人覺得好開心。

髮帶a・b

Design 白石有紀
How to make P69

可愛的髮帶，讓人開始期待和他人碰面呢！

亞麻布和縮褶繡的髮帶，是不是一個嶄新的點子呢？

因為是布製品，所以用水多洗幾次也無所謂，是這條髮帶的迷人之處。

在兩雙鞋上都繡上宛如四葉幸運草的點綴。送給朋友的話，收到的人一定很開心

✕✕ 22 室內鞋 & 嬰兒鞋
Design 青木惠理子
How to make P70~73

室內鞋採用咖啡色與淡綠色的自然色系，剎是好看，
嬰兒鞋就算當成裝飾品也很可愛。
嬰兒鞋只要用毛邊縫將不織布縫合即可，非常簡單。

Part 3
廚房裡的迷你雜貨

正因為這是一成不變的日常風景，所以更想要加上毫不做作的點綴。
不管是用餐的時間，還是享用午茶的時光，
如果能和心愛的雜貨一起共度
你會不會覺得好像多了一點幸福的心情呢？

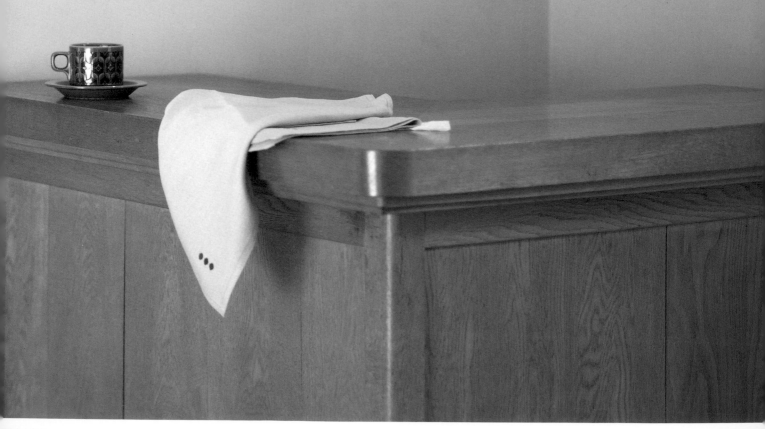

b

a

23 杯墊a b
Design おぐらみこ
How to make P73

在市售的杯墊上，
繡了彷彿就像是從畫冊裡面跳出來的可愛兔子圖案。
多做幾個不同的顏色來使用吧！

24 茶壺保暖罩&迷你墊子a‧b

Design ナカダミエコ
How to make P74~76

清爽的水藍色，非常適合亞麻布。
咖啡色的十字繡
不會太搶眼的感覺也很棒。

b

a

25 餐具套

Design ナカダミエコ
How to make P77

使用張力強的亞麻布製作的餐具套。

只要把上面折下來，就不用擔心內容物掉出來了。

毫不做作的蕾絲和十字繡的組合很新鮮！

b

26 萬用布巾a・b

Design ナカダミエコ
How to make P76・77

a

在簡單的正方形萬用布巾上，繡了圓形的圖案。

只不過加了一點手續，就變得這麼可愛，這正是刺繡有趣的地方。

可以用來包點心或麵包，還可以包便當盒。

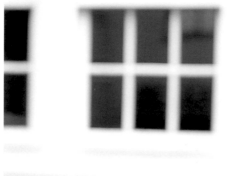

27 縮褶繡圍裙

Design 青木惠理子
How to make P78・79

在腰際和兩個口袋加上縮褶繡，感覺像好女孩的圍裙。

休閒的咖啡色格紋，不會太花俏，

平常應該會很活躍吧。

加寬的綁帶，瀰漫著一股優雅的氣氛。

28 　鍋把握柄墊
Design 青木惠理子
How to make P80

縫上亞麻織帶，留下手指穿口的嶄新創意！

拿東西的時候十分貼合掌形，用起來非常方便。

做得厚一點，還可以用來當隔熱墊。

b

a

29　瓶罐套a　b

Design 伴 綾花
How to make P81

使用不收邊的羊毛布，温暖又可愛的瓶罐套。
只要身邊有這種柔軟又蓬鬆的小東西，
每天的生活好像也會愈來愈快樂。

開始刺繡之前

開始製作作品之前，組合布料與顏色也是一項有趣的工作。
這裡要介紹的是希望讀者能夠在製作之前先學會的「刺繡基礎」。
將基礎打好，再作出很棒的作品吧。

為刺繡準備的基本材料與道具

1

★a / Olympus
★b、c / DMC

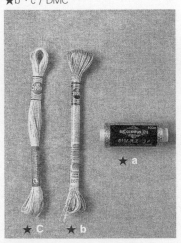

★C ★b

★a / Olympus
★b / LECIEN(COSMO) ★c / DMC

★c ★b ★a

b a

a / 法國刺繡針
b / 十字繡針

繡線

一般最常用的是25號繡線，以6股細線組合而成。繡線當然可以直接使用，也可以將每一股細線分開，取2股線、3股線等等，視用途區分繡線的用量。除了棉製的繡線之外，還可以找到亞麻、羊毛、加了金蔥的線等等各種不同的素材。組合各種不同的素材，完成品也許會有不同的趣味。

刺繡針

刺繡用的針，特徵是針孔比一般的縫紉針稍微大一點，線很容易穿過。
十字繡的針針頭呈圓形，所以刺繡的時候不會造成布的織線分開。
製作縮褶繡時，建議您使用法國刺繡針。
這兩種針都可以配合取用線的股數，使用不同種類的針。
如果細的線搭配太粗的針，反而會在布上留下明顯的針孔，或是造成結頭鬆脫，請多加小心。

★DMC

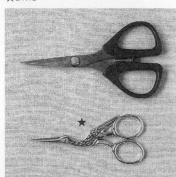

★

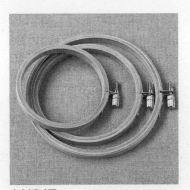

小剪刀、線剪

小剪刀用來剪縫份的牙口，或是進行細部的作業，比較方便。線剪在進行刺繡作業的使用率最高，是不可或缺的必需品。不管是哪一種，都要準備刀口比較銳利的剪刀。

刺繡框

要不要刺繡框視各人喜好，不過比較薄的布料時，用刺繡框比較方便。
刺繡時請不斷地調整刺繡框，永遠讓刺繡圖案保持在刺繡框中央。

為刺繡準備的基本材料與道具

1

錐子

用於在布上做記號、縫製袋狀時，整理布角形狀。

做記號的道具

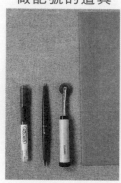

從左邊起依序為水性消失筆、記號筆、輪刀。用於在布上做記號，或是描繪細緻的圖案時。消失筆搭配記號筆或輪刀一起使用，可以將紙型印到布上。消失筆用水性的比較方便。

直尺

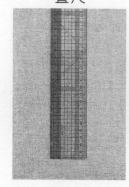

在布上做記號時，如果手邊有一支刻度比較細的透明直尺將會比較方便。還可以輕輕鬆鬆地畫出平行線。

珠針

做手工藝時不可或缺的珠針，建議使用耐熱性強的產品。
就算插在布上直接熨燙，也不會因為受熱造成變形。

裁縫剪刀

請務必準備一支專門用來剪布的剪刀吧。
建議讀者可以依用途分別使用剪紙用的剪刀、裁縫剪刀與小剪刀。

牛皮紙

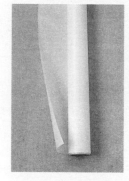

製作紙型的時候使用的半透明薄紙。也可以用描圖紙代替。

手縫線、手縫針

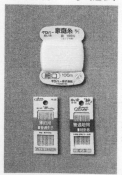

手縫線也可以用車縫線代替，但是如果備齊基本色將會比較方便。
手縫針和車縫針一樣，請選用適合布料厚度的號數。

車縫線、車縫針

作品如果需要使用針車時，請依不同的布料厚度，選用不同的粗細與號數。

疏縫線

想要作出一個漂亮的作品，疏縫是絕對少不了的一個步驟。疏縫線捻得比手縫線鬆，所以即使用手也可以輕易扯斷。

繡線的處理方法

2

繡線的穿法

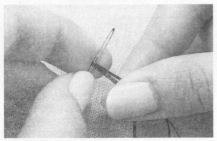

1 將線輕輕地在針的側面壓一下，留下折痕。

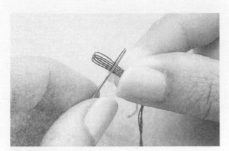

2 將折痕穿進針孔。

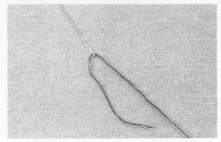

3 將線頭拉出來。
用這種方法穿線，線不會分開，可以順利穿進針孔裡。

結頭的打法

1 將線頭抵住針。

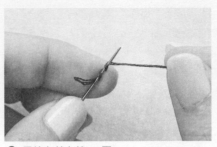

2 用線在針上繞2~3圈。

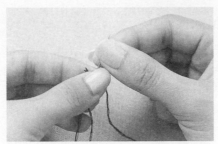

3 用手指頭抓住捲繞的部分，輕輕壓住，一邊把針抽出來。

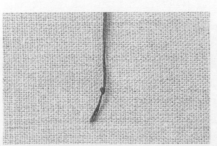

4 結頭完成了。
刺繡完成時，請在布的背面打結，穿過附近的刺繡線之後，再把線剪掉。

分開25號繡線的方法

1 從成束的繡線裡將線拉出來，長度約50cm時剪掉。

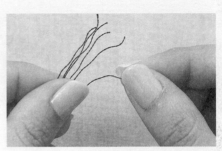

2 將細線一根一根分開，將所需的股數合在一起，重新整理好。
為了避免下次使用時搞不清楚色號，請不要取下標籤，留在線上。

將結頭從布裡鬆脫

布　　　　　（背面）

　　　　　　（正面）

如圖所示，進行迴針再整理即可。

縮褶繡的基礎

3

本書所用的縮褶繡

完成範例

使用布料

蜂巢縮褶繡

完成範例

使用布料

鑽石縮褶繡

完成範例

使用布料

粗線縮褶繡

完成範例

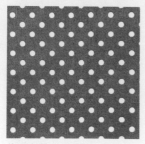

使用布料

圓點縮褶繡

適合縮褶繡的布料

建議使用棉布或比較薄的亞麻布等等，容易打褶的的柔軟布料。
格紋布、圓點、條紋等等，圖案具有規則性時，可以利用這些圖案做記號，在上面刺繡。
雖然並不是一定要使用格紋布，使用素面的布料或條紋布料時，請務必在使用的地方做記號再進行刺繡。

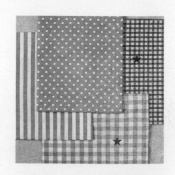

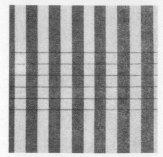

1 使用條紋布料時，請用消失筆配合條紋的寬度做記號。

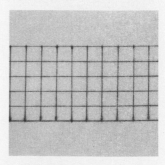

2 使用素面的布料時，請用消失筆做正方形的記號。

十字繡的基礎

4

繡一個十字繡時的繡法

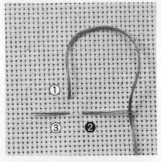

1 依 ① ～ ③ 的順序刺繡。

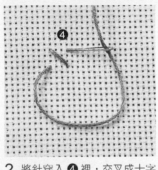

2 將針穿入 ❹ 裡，交叉成十字型。

3 橫向一列的十字繡完成了。

適合縮褶繡的布料

十字繡用的布，除了白色之外還有許多不同的色彩。
建議使用紋理粗一點，格眼比較好算的亞麻等布料。
如果使用轉繡網布，就不用選擇素材，可以在任何布料上十字繡。

轉繡網布

在毛料、不織布、棉布或紋理比較細的亞麻等等，格眼不太好算的布料上做十字繡的時候，只要用轉繡網布，就可以繡出美麗的作品。
轉繡網布的用法---P48

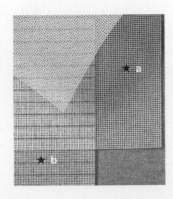

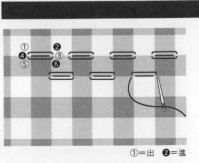

①＝出 ❷＝進

繡法 依 ① ～ ❻ 的順序進行刺繡，每繡完一針都要把線拉緊。

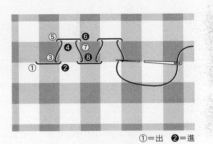

①＝出 ❷＝進

繡法 依 ① ～ ❽ 的順序進行刺繡，每繡完一針都要把線拉緊。

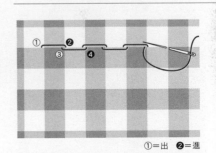

①＝出 ❷＝進

繡法 依 ① ～ ③ 的順序進行刺繡，每繡完一針都要把線拉緊。

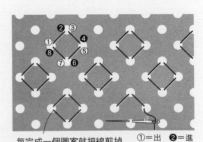

每完成一個圖案就把線剪掉 ①＝出 ❷＝進

繡法 依 ① ～ ❽ 的順序進行刺繡，每繡完一針都要把線拉緊。

轉繡網布	雙重十字繡的做法	縱向刺繡	橫向刺繡時

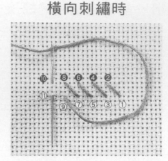

1 將轉繡網布剪得比圖案大一點，放在布上，用疏縫固定後刺繡。

1 依 ① ～ ⑤ 的順序刺繡。

1 如 ① ～ ⑪ 所示，依所需的數量往縱向刺繡。

1 如 ① ～ ⑪ 所示，依所需的數量往橫向刺繡。

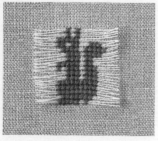

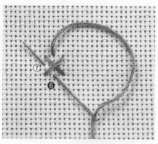

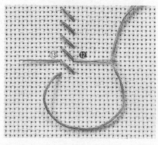

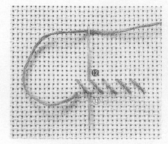

2 除去疏縫的部分，將多餘的轉繡網布剪掉，將縱向的線一條一條拔下來，接下來拔橫向的線。

2 依 ❻ ～ ❼ 的順序刺繡。

2 繡到所需的數量時，回頭刺繡交叉成十字型。

2 繡到所需的數量時，回頭刺繡交叉成十字型。

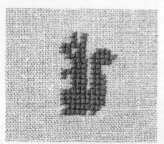

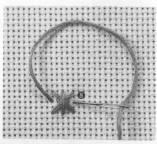

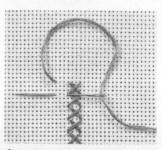

3 使用轉繡網布製作的十字繡完成了。

3 將針穿入 ❽ 裡。

3 進入下一排時，重覆1、2。

3 橫向一列的十字繡完成了。

4 雙重十字繡完成了。

1 小包包a‧b

←照片P8 刺繡圖案P50

製作圖 ‧單位cm ‧加上數字○的縫份後裁剪

1-b

蓋子
（表布B‧裡布‧拼布舖棉 各1塊）

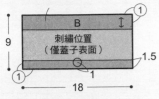

刺繡位置
（僅蓋子表面）

B
9
1.5
1
18

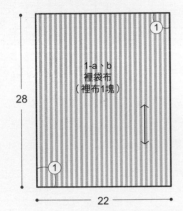

1-a、b
裡袋布
（裡布1塊）
28
22

1-a

蓋子
（表布B‧裡布‧拼布舖棉 各1塊）

B
9
1
蕾絲
1.5
1
（僅蓋子表面）刺繡位置
18

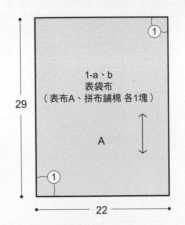

1-a、b
表袋布
（表布A‧拼布舖棉 各1塊）
29
A
22

材料

⭕ 1-a的材料
表布A…亞麻（米黃色）25cm×35cm
表布B…帆布（黑色）20cm×15cm
裡布…木棉（條紋圖案）45cm×30cm
拼布舖棉…45cm×35cm
刺繡蕾絲（1cm寬）…35cm
四合釦（1cm）…1組
線…COSMO25號繡線（305）、（633）
＊成品尺寸…長12cm×寬17cm×底5cm

⭕ 1-b的材料
表布A…亞麻（米黃色）25cm×35cm
表布B…帆布（黑色）20cm×15cm
裡布…木棉（條紋圖案）45cm×30cm
拼布舖棉…45cm×35cm
四合釦（1cm）…1組
線…COSMO25號繡線305號、344號
＊成品尺寸…長12cm×寬17cm×底5cm

做法

1 製作蓋子

2 製作袋布

3 將四合釦固定在袋布上

完成圖

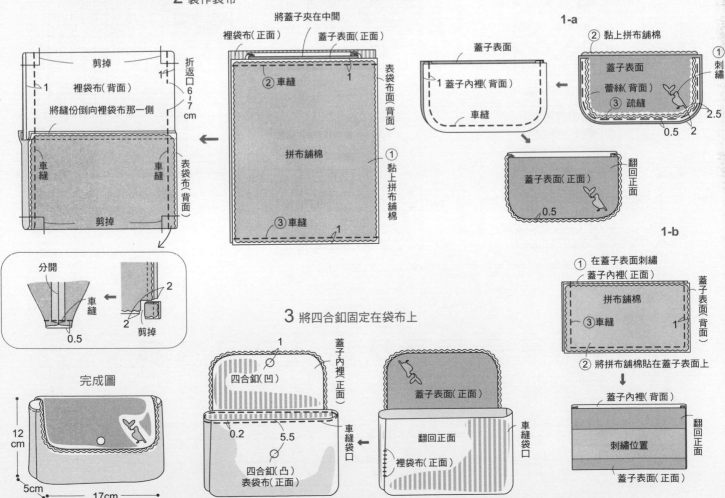

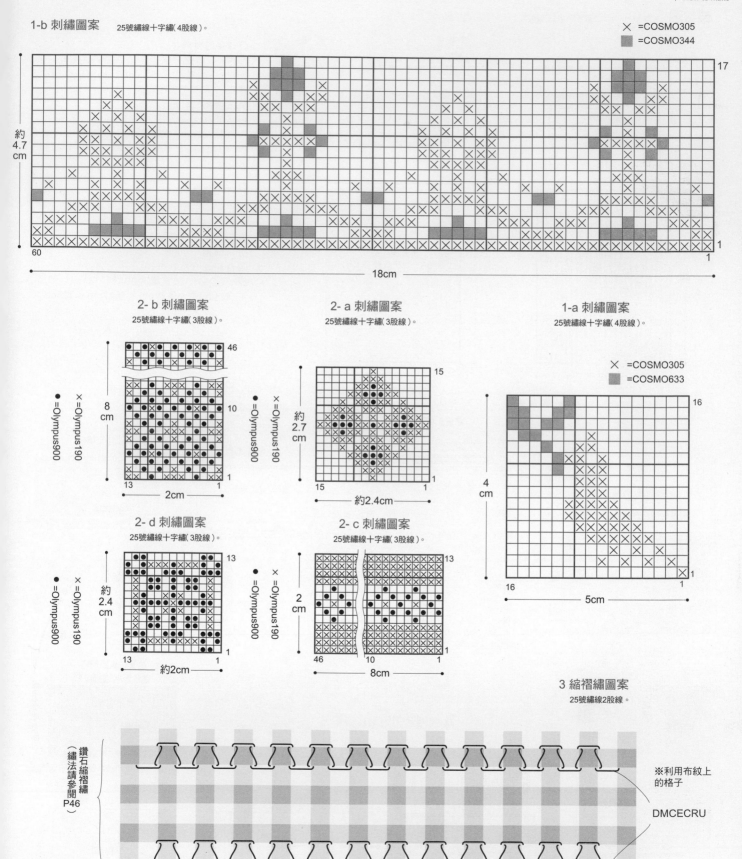

1-b 刺繡圖案　25號繡線十字繡（4股線）。

× =COSMO305
■ =COSMO344

約 4.7 cm

60　　18cm　　1　17　　1

2- b 刺繡圖案
25號繡線十字繡（3股線）。

●=Olympus900　×=Olympus190

8 cm

13　2cm　1　46　10　1

2- a 刺繡圖案
25號繡線十字繡（3股線）。

●=Olympus900　×=Olympus190

約 2.7 cm

15　約2.4cm　1　15　1

1-a 刺繡圖案
25號繡線十字繡（4股線）。

× =COSMO305
■ =COSMO633

4 cm

16　5cm　1　16

2- d 刺繡圖案
25號繡線十字繡（3股線）。

●=Olympus900　×=Olympus190

約 2.4 cm

13　約2cm　1　13　1

2- c 刺繡圖案
25號繡線十字繡（3股線）。

●=Olympus900　×=Olympus190

2 cm

46　10　1　13　1　8cm

3 縮褶繡圖案
25號繡線2股線。

鑽石縮褶繡
（繡法請參閱P46）

※利用布紋上的格子

DMCECRU

0.5cm
0.5cm

2 口金零錢包 a · b · c · d ←照片P9 刺繡圖案P50

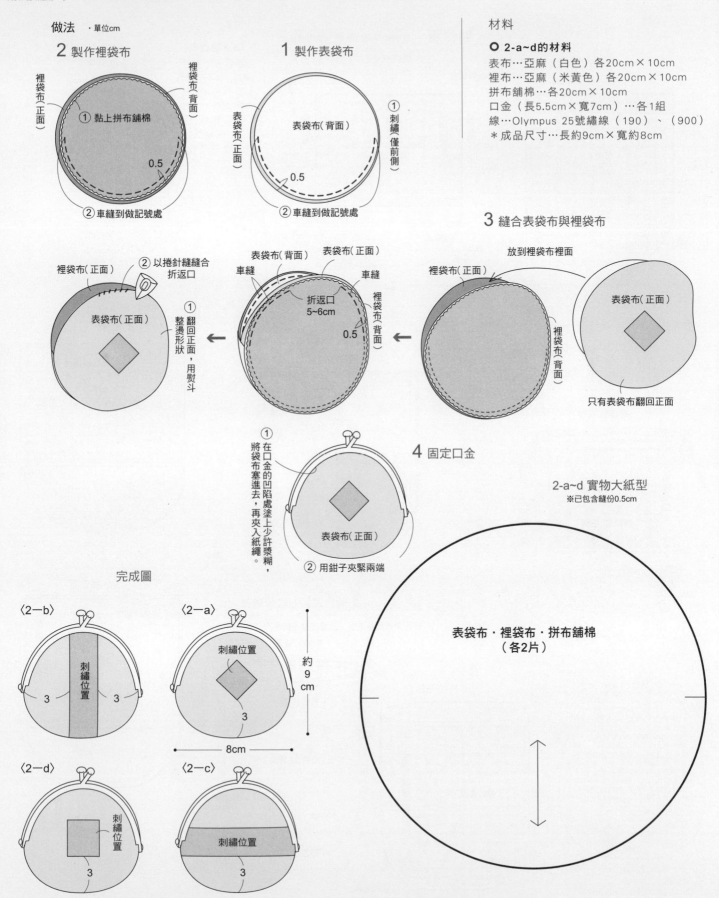

做法 · 單位cm

材料

○ 2-a～d的材料
表布…亞麻（白色）各20cm×10cm
裡布…亞麻（米黃色）各20cm×10cm
拼布舖棉…各20cm×10cm
口金（長5.5cm×寬7cm）…各1組
線…Olympus 25號繡線（190）、（900）
＊成品尺寸…長約9cm×寬約8cm

2 製作裡袋布

裡袋布（正面）
裡袋布（背面）
① 黏上拼布舖棉
0.5
② 車縫到做記號處

1 製作表袋布

表袋布（正面）
表袋布（背面）
① 刺繡（僅前側）
0.5
② 車縫到做記號處

3 縫合表袋布與裡袋布

放到裡袋布裡面
裡袋布（正面）
表袋布（正面）
裡袋布（背面）
只有表袋布翻回正面

裡袋布（正面）
② 以捲針縫縫合折返口
表袋布（正面）
① 翻回正面，用熨斗整燙形狀

表袋布（背面）　表袋布（正面）
車縫　　　　　車縫
折返口　　　　裡袋布（背面）
5～6cm
0.5

4 固定口金

① 在口金的凹陷處塗上少許漿糊，將袋布塞進去，再夾入紙繩。
表袋布（正面）
② 用鉗子夾緊兩端

2-a～d 實物大紙型
※已包含縫份0.5cm

完成圖

〈2－b〉
刺繡位置
3　　3

〈2－a〉
刺繡位置
3

約9cm
8cm

〈2－d〉
刺繡位置
3

〈2－c〉
刺繡位置
3

表袋布・裡袋布・拼布舖棉
（各2片）

3 束口袋

←照片P10 縮褶繡圖案P50

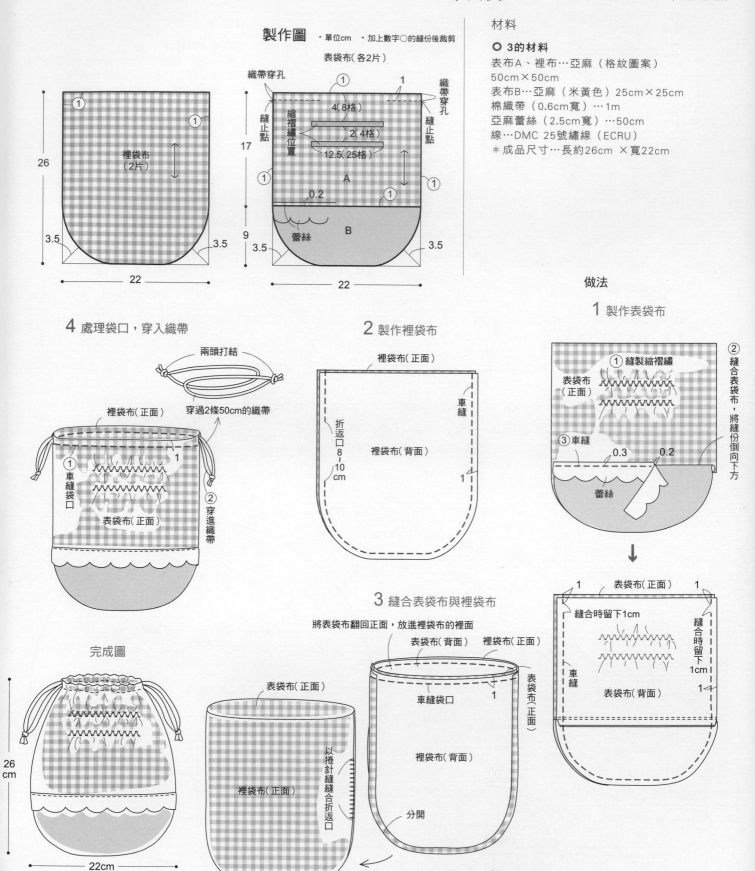

製作圖　・單位cm　・加上數字○的縫份後裁剪

表袋布（各2片）

裡袋布（2片）

26

3.5　　　3.5

22

織帶穿孔

縫止點　縫止點

織帶穿孔

縮褶繡位置

4（8格）

2（4格）

12.5（25格）

17

A

0.2

蕾絲

B

9

3.5　　　3.5

22

材料

○ 3的材料

表布A、裡布…亞麻（格紋圖案）
50cm×50cm

表布B…亞麻（米黃色）25cm×25cm

棉織帶（0.6cm寬）…1m

亞麻蕾絲（2.5cm寬）…50cm

線…DMC 25號繡線（ECRU）

＊成品尺寸…長約26cm ×寬22cm

做法

1 製作表袋布

① 縫製縮褶繡

表袋布（正面）

③ 車縫　0.3　0.2

蕾絲

② 縫合表袋布，將縫份倒向下方

1　表袋布（正面）　1

縫合時留下1cm

縫合時留下1cm

車縫

表袋布（背面）

1　　　1

4 處理袋口，穿入織帶

兩頭打結

穿過2條50cm的織帶

裡袋布（正面）

① 車縫袋口

② 穿進織帶

表袋布（正面）

1

2 製作裡袋布

裡袋布（正面）

車縫

折返口8～10cm

裡袋布（背面）

1

完成圖

26cm

22cm

3 縫合表袋布與裡袋布

將表袋布翻回正面，放進裡袋布的裡面

表袋布（正面）

表袋布（背面）　裡袋布（正面）

車縫袋口

裡袋布（正面）

以捲針縫縫合折返口

裡袋布（背面）

1

表袋布（正面）

分開

翻回正面

4 手機袋

←照片P11 手機吊飾的做法P60

製作圖　　・單位cm　・加上數字○的縫份後裁剪

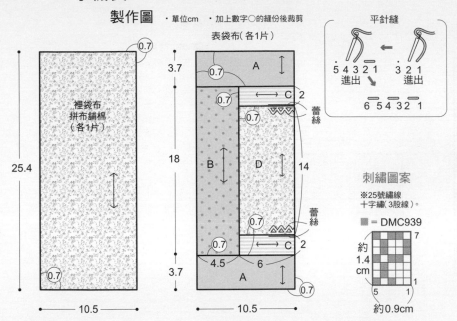

表袋布（各1片）

裡袋布 拼布鋪棉 （各1片）

0.7

25.4

10.5

0.7

3.7

18

3.7

A

0.7

0.7

C　2

蕾絲

B

D

14

蕾絲

C　2

4.5　6

A

0.7

0.7

0.7

0.7

10.5

平針縫

5 4 3 2 1　　3 2 1
進出　　　　進出

6 5 4 3 2 1

刺繡圖案

※25號繡線
十字繡（3股線）。

■ = DMC939

約
1.4
cm

7

5　1

約0.9cm

1

材料

○ 4-手機袋的材料

表布A…亞麻（米黃色）15cm×15cm
表布B…亞麻（圓點圖案）10cm×20cm
表布C…木棉（條紋圖案）10cm×10cm
表布D、裡布…木棉（印花布）20cm×30cm
拼布鋪棉…15cm×30cm
亞麻蕾絲（0.8cm寬）…45cm
皮繩（0.8cm寬）…20cm
撞釘…2個
問號勾…1個
線…DMC 25號繡線（939）
＊成品尺寸…長約13.3cm×寬10.5cm

做法

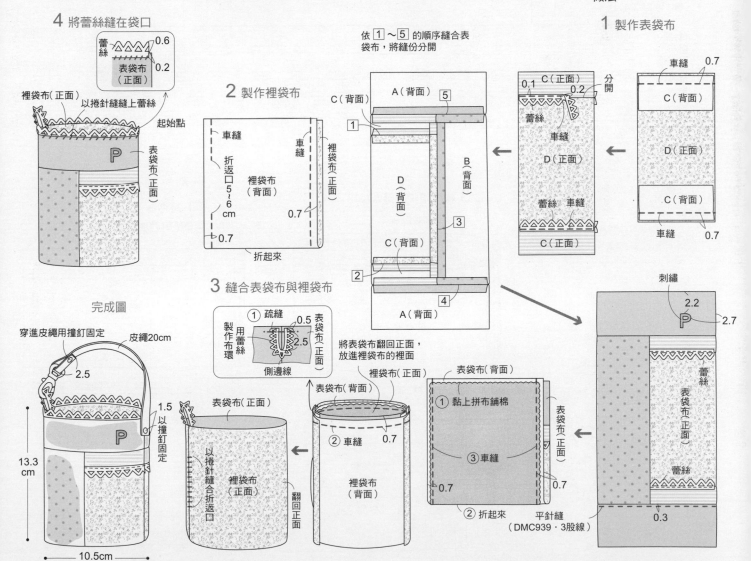

4 將蕾絲縫在袋口

蕾絲　0.6

表袋布 （正面）　0.2

裡袋布（正面）

以捲針縫縫上蕾絲

起始點

P

表袋布 （正面）

2 製作裡袋布

車縫

折返口 5~6 cm

車縫

裡袋布 （背面）

裡袋布（正面）

0.7

0.7

折起來

3 縫合表袋布與裡袋布

① 疏縫　0.5

製作用蕾絲環

2.5

表袋布 （正面）

側邊線

依 1 ～ 5 的順序縫合表袋布，將縫份分開

A（背面）　5

C（背面）

1

C（背面）

2

C（背面）

4

A（背面）

D （背面）

B 背面

3

1 製作表袋布

C（正面）　分開

0.1　0.2

蕾絲

車縫

D（正面）

蕾絲　車縫

C（正面）

車縫　0.7

C（背面）

D（正面）

C（背面）

車縫　0.7

刺繡　2.2

P　2.7

蕾絲

表袋布（正面）

蕾絲

將表袋布翻回正面，放進裡袋布的裡面

裡袋布（正面）

表袋布（正面）

表袋布（背面）

② 車縫　0.7

裡袋布 （背面）

表袋布（背面）

① 黏上拼布鋪棉

表袋布（背面）

③ 車縫

0.7

0.7

② 折起來

平針縫 （DMC939・3股線）

0.3

完成圖

穿進皮繩用撞釘固定　皮繩20cm

2.5

1.5 以撞釘固定

P

13.3 cm

10.5cm

表袋布（正面）

以捲針縫縫合折返口

裡袋布 （正面）

翻回正面

製作圖　・單位cm　・加上數字○的縫份後裁剪

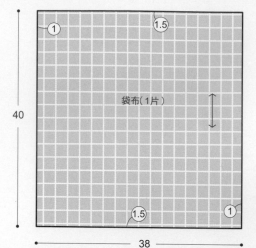

袋布（1片）

40

38

材料

○ 5的材料
表布（格紋圖案）60cm×45cm
線…DMC 25號繡線（347）、（BLANC）
＊成品尺寸…長20cm×寬38cm

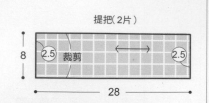

提把（2片）

8　2.5　裁剪　2.5

28

蜂巢縮褶繡
（繡法請參閱P46）

提把

縮褶繡圖案
※25號繡線3股線。

提把

1.5
2

※利用布面圖
的格子

第1層
DMC
BLANC

第2層
第3層
DMC
347

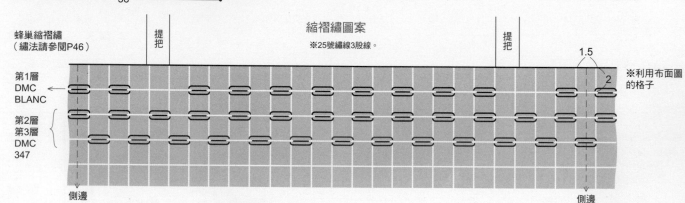

側邊

側邊

做法

4 縮褶繡
※參照圖示。

3 接上提把，縫合袋口

車縫袋口

①
分
開

5

1.5　0.3

5

② 將提把夾入1cm

袋布（背面）

完成圖

20
cm

38cm

將提把往上翻
車縫壓線

0.2

袋布（正面）

1 縫合側邊
① 以鋸齒縫車縫份的邊邊

③
車
縫

袋布（背面）

③
車
縫

1

② 折起來

1

側邊線

對圖案
使圖案完全對上

2 製作提把

① 折起來　② 車縫　0.2　提把（正面）

0.2

2

※製作2條

6 鑽石縮褶繡的包包 ←照片P13

製作圖 ·單位cm ·加上數字○的縫份後裁剪

縮褶繡圖案
※25號繡線3股線。

材料

○ 6的材料
表布（圓點圖案）75cm×60cm
鬆緊帶（1.2cm寬）…40cm
線…DMC 25號繡線（938）
＊成品尺寸…長27cm×寬35cm

提把（2片）
裁剪

④
6
④　④
↔
28

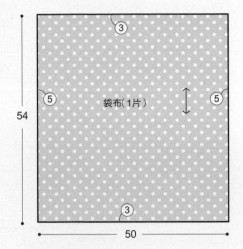

③
⑤　袋布（1片）　⑤
54
③
50

提把
3

鑽石
縮褶繡
DMC938

粗線
縮褶繡
DMC938

（繡法請參閱P46）

做法

1 縫合側邊

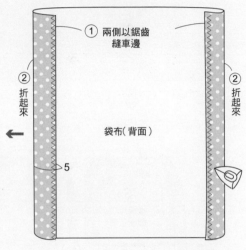

① 兩側以鋸齒
縫車邊
② 折起來
② 折起來
袋布（背面）
5

4 穿入鬆緊帶，縫合鬆緊帶穿孔

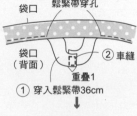

袋口
鬆緊帶穿孔
袋口
（背面）
② 車縫
重疊1
① 穿入鬆緊帶36cm

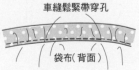

車縫鬆緊帶穿孔
袋布（背面）

把折來的地方打開，只縫上半部

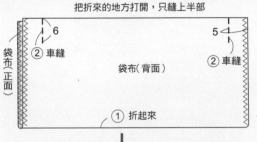

袋布（正面）
6
② 車縫
5
② 車縫
袋布（背面）
① 折起來

② 車縫
袋布（正面）
② 車縫
6
0.3
① 分開
袋布（背面）

5 縮褶繡
※參照圖示。

完成圖

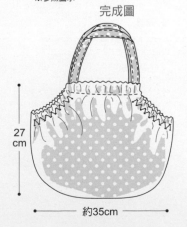

27
cm
約35cm

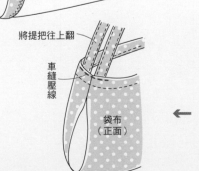

將提把往上翻
車縫壓線
袋布
（正面）

2 製作提把

① 折起來　② 車縫　提把（正面）
0.2
※製作2條
0.2
1.5

3 接上提把，縫合袋口

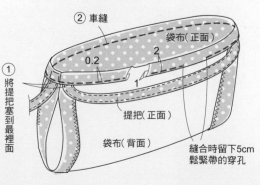

② 車縫
袋布（正面）
0.2
2
1
① 將提把塞到最裡面
提把（正面）
袋布（背面）
縫合時留下5cm
鬆緊帶的穿孔

7 十字繡扁包 ←照片P14

製作圖 ・單位cm ・加上數字○的縫份後裁剪

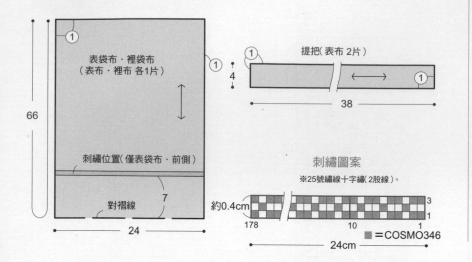

表袋布・裡袋布
（表布・裡布 各1片）

刺繡位置（僅表袋布・前側）

對褶線

7

66

24

提把（表布 2片）

4

38

刺繡圖案

※25號繡線十字繡（2股線）。

約0.4cm

3
1

178   10

3
1

24cm

■=COSMO346

材料

○ 7的材料

表布…亞麻（米黃色）40cm×70cm
裡布…木棉（圓點圖案）30cm×70cm
線…COSMO 25號繡線（346）
＊成品尺寸…長33cm×寬24cm

3 縫製表袋布與裡袋布

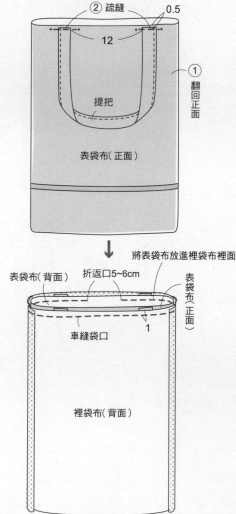

② 疏縫   0.5

12

提把

① 翻回正面

表袋布（正面）

將表袋布放進裡袋布裡面

表袋布（背面）   折返口5~6cm   表袋布（正面）

車縫袋口

裡袋布（背面）

做法

1 製作表袋布、裡袋布

※用同樣的方法製作裡袋布

① 在表袋布前側刺繡

表袋布（背面）

③ 車縫

1   1

② 折起來

2 製作提把

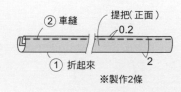

② 車縫   提把（正面）   0.2

① 折起來   2

※製作2條

完成圖

① 從折返口翻回正面

裡袋布（正面）

② 車縫袋口

0.2

表袋布（正面）

33cm

24cm

8 十字繡托特包

←照片P15

製作圖
· 單位cm　· 加上數字○的縫份後裁剪

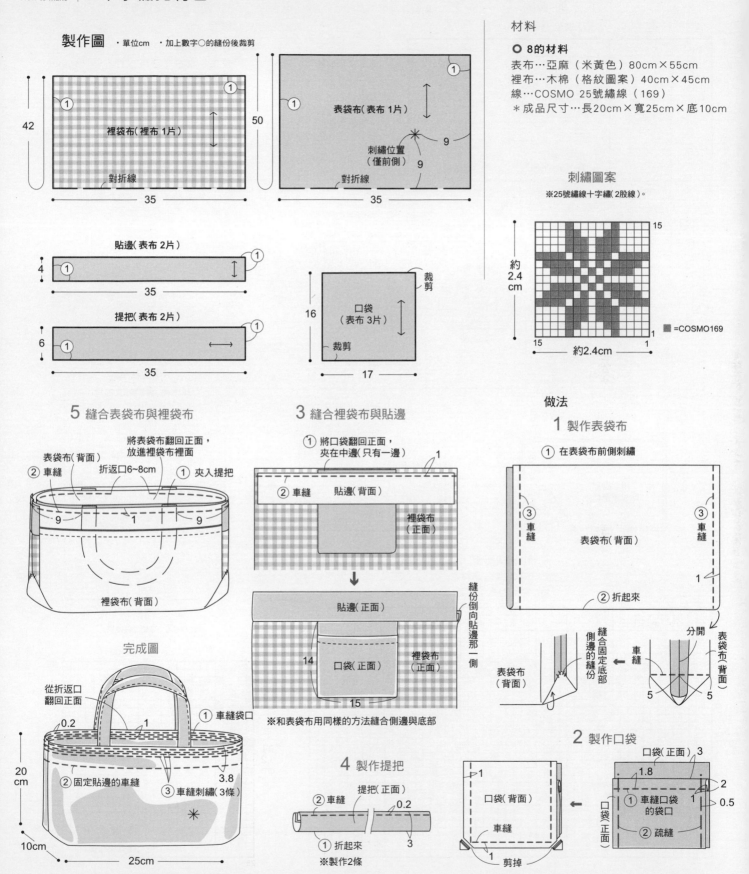

裡袋布(裡布 1 片)
42
35
對折線

表袋布(表布 1 片)
50
刺繡位置
（僅前側）
9
9
35
對折線

貼邊(表布 2 片)
4
35

提把(表布 2 片)
6
35

口袋
（表布 3 片）
16
17
裁剪
裁剪

材料

○ 8的材料

表布…亞麻（米黃色）80cm×55cm
裡布…木棉（格紋圖案）40cm×45cm
線…COSMO 25號繡線（169）
＊成品尺寸…長20cm×寬25cm×底10cm

刺繡圖案
※25號繡線十字繡（2股線）。

約
2.4
cm
15
15
1
1
約2.4cm
■ =COSMO169

5 縫合表袋布與裡袋布

將表袋布翻回正面，
放進裡袋布裡面
表袋布（背面）
② 車縫
折返口6~8cm
① 夾入提把
9　1　9
裡袋布（背面）

完成圖

從折返口
翻回正面
0.2　1
① 車縫袋口
② 固定貼邊的車縫
3.8
③ 車縫刺繡（3條）
20
cm
10cm
25cm

3 縫合裡袋布與貼邊

① 將口袋翻回正面，
夾在中邊（只有一邊）
1
② 車縫　貼邊（背面）
裡袋布
（正面）

貼邊（正面）
14　口袋（正面）
裡袋布
（正面）
15
縫份倒向貼邊那一側

※和表袋布用同樣的方法縫合側邊與底部

4 製作提把

② 車縫　提把（正面）
0.2
① 折起來
3
※製作2條

口袋（背面）
1
車縫
剪掉

做法

1 製作表袋布

① 在表袋布前側刺繡

③ 車縫
表袋布（背面）
③ 車縫
② 折起來
1

分開
表袋布
（背面）
縫合固定底部
側邊的縫份
車縫
表袋布（背面）
5　5

2 製作口袋

口袋（正面）3
1.8
2
① 車縫口袋
的袋口
1
0.5
② 疏縫
口袋（正面）

9・10賀卡　　　←照片P18

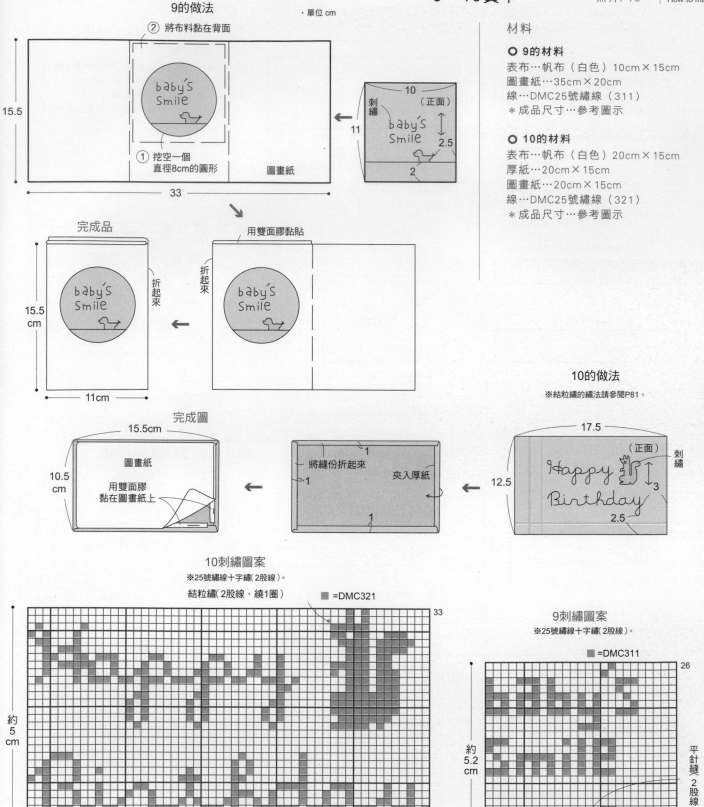

9的做法

② 將布料黏在背面

・單位 cm

15.5

① 挖空一個
直徑8cm的圓形

圖畫紙

33

10
（正面）

刺繡

11

baby's
Smile

2.5

2

完成品

baby's
Smile

15.5
cm

11cm

折起來

折起來

用雙面膠黏貼

baby's
Smile

完成圖

15.5cm

圖畫紙

用雙面膠
黏在圖畫紙上

10.5
cm

將縫份折起來

夾入厚紙

1

1

1

10的做法

※結粒繡的繡法請參閱P81。

17.5

（正面）

刺繡

12.5

Happy
Birthday

3

2.5

材料

○ 9的材料

表布…帆布（白色）10cm×15cm
圖畫紙…35cm×20cm
線…DMC25號繡線（311）
＊成品尺寸…參考圖示

○ 10的材料

表布…帆布（白色）20cm×15cm
厚紙…20cm×15cm
圖畫紙…20cm×15cm
線…DMC25號繡線（321）
＊成品尺寸…參考圖示

10刺繡圖案

※25號繡線十字繡（2股線）。
結粒繡（2股線・繞1圈）

■ =DMC321

33

約
5
cm

53

1

約9.7cm

9刺繡圖案

※25號繡線十字繡（2股線）。

■ =DMC311

26

約
5.2
cm

平針縫
（2
股
線
）

25

1

約4cm

11 書套&書籤 ←照片P20

製作圖 ・單位cm ・加上數字○的縫份後裁剪

材料

書套（表布・裡布 各1片）

1.5

（0.5）

16

織帶
固定位置
（背面）

（正面書腰）
刺繡位置

（0.5）

3

16

（0.5）

8

1.5

32

貼邊（裡布 1片）

（0.5）

16

織帶固定位置

（0.5）

8

○ 11-書套的材料
表布…亞麻（綠色）35cm×20cm
裡布…亞麻（咖啡色）45cm×20cm
織帶（2.5cm寬）…40cm
線…Olympus 25號繡線（738）
＊成品尺寸…參考圖示

○ 11-書籤的材料
表布…亞麻（咖啡色）10cm×5cm
有膠布襯…10cm×5cm
蕾絲（1cm寬）…15cm
皮繩（直徑0.2cm）…35cm
線…Olympus 25號繡線（731）
＊成品尺寸…參考圖示

書套刺繡圖案
※25號繡線十字繡（2股線）。

17

約3cm

17 ×=Olympus738 1

約3cm

2 縫合表布與裡布

① 在表布中心刺繡

② 疏縫

裡布（正面）

織帶

0.3

② 疏縫

折返口5~6cm

表布（背面）

0.5

0.5

車縫

夾入貼邊   裡布（正面）

書套的做法

1 製作貼邊

②車縫

貼邊（正面）

織帶

① 折起 0.5

完成圖

以捲針縫縫合折返口

翻回正面

16

貼邊（正面）

裡布（正面）

表布（正面）

折起來

32

書籤的做法

（背面）

黏上有膠布襯

※製作2片

皮繩

將35cm的皮繩對折，再用雙面膠固定

有膠布襯

（背面）

（正面）

完成圖

約17cm

4

將蕾絲對折後以捲針縫固定在周圍

書籤刺繡圖案
※25號繡線十字繡（2股線）。

在中心刺繡

約1.5cm

11

18 ■=Olympus731 1

約2cm

實物大紙型
皮繩固定位置

書籤・有膠布襯
（各2片）

裁剪

皮繩固定位置

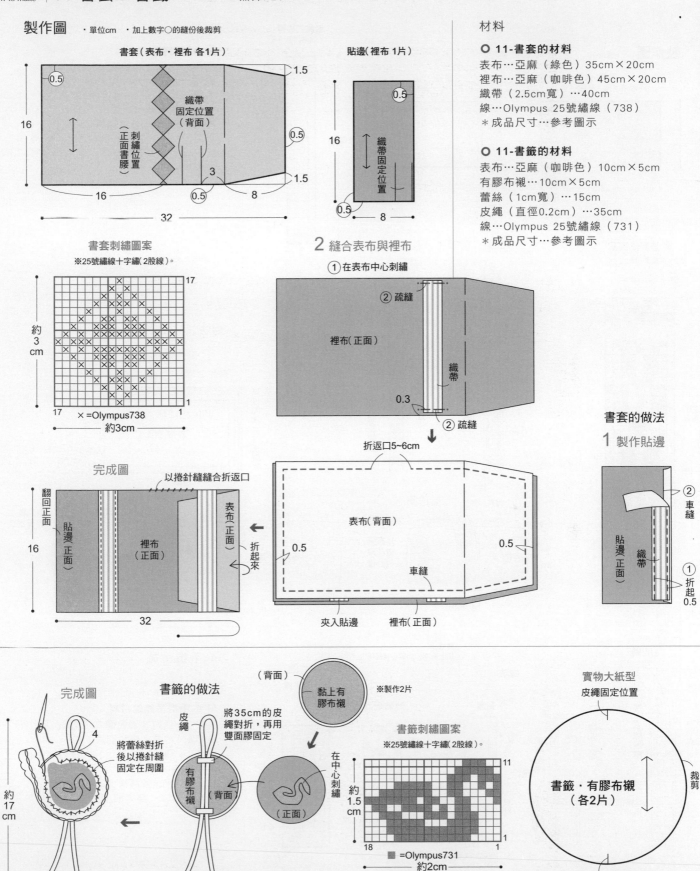

材料

○ 12的材料
表布…亞麻（米黃色）30cm×20cm
蕾絲…25cm×10cm
天鵝絨緞帶（2cm寬）…20cm
乾燥的薰衣草…適量
線…Olympus 25號繡線（900）
＊成品尺寸…香包（小）長7cm×寬10.5cm
　　　　　　香包（大）長7cm×寬12.5cm

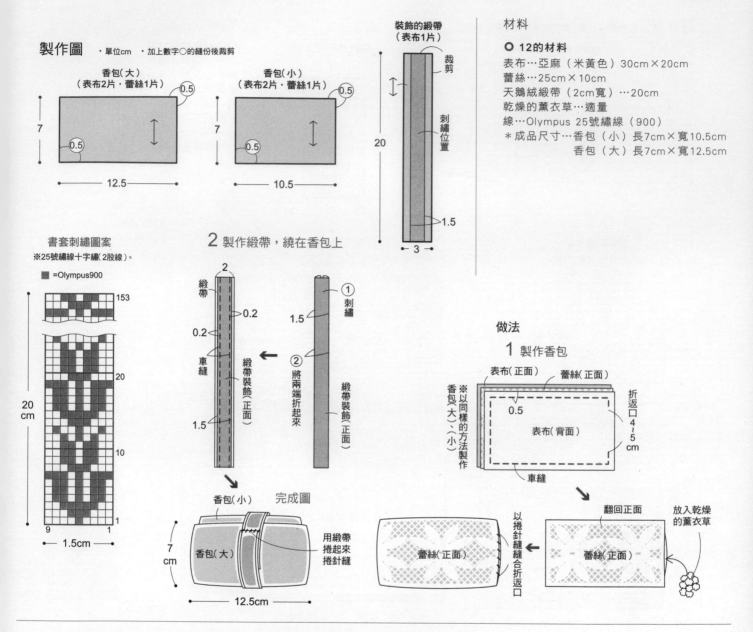

製作圖　・單位cm　・加上數字○的縫份後裁剪

香包（大）
（表布2片・蕾絲1片）
0.5
7
0.5
12.5

香包（小）
（表布2片・蕾絲1片）
0.5
7
0.5
10.5

裝飾的緞帶
（表布1片）
裁剪
刺繡位置
20
1.5
3

書套刺繡圖案
※25號繡線十字繡（2股線）。
■=Olympus900
153
20
10
1
9 1
20cm
1.5cm

2 製作緞帶，繞在香包上
緞帶
2
0.2
0.2
車縫
緞帶裝飾（正面）
1.5
1
刺繡
1.5
2 將兩端折起來
緞帶裝飾（正面）

香包（小）
香包（大）
完成圖
7cm
用緞帶捲起來捲針縫
12.5cm

做法
1 製作香包
表布（正面）　蕾絲（正面）
香包（大）、（小）製作
※以同樣的方法製作
0.5
表布（背面）
折返口4~5cm
車縫

翻回正面
放入乾燥的薰衣草
蕾絲（正面）

以捲針縫縫合折返口
蕾絲（正面）

完成圖
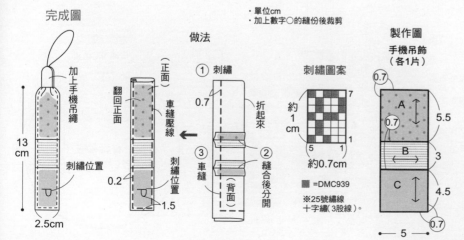
加上手機吊繩
13cm
刺繡位置
2.5cm

・單位cm
・加上數字○的縫份後裁剪

做法
① 刺繡
翻回正面
（正面）
0.7
車縫壓線
刺繡位置
0.2
折起來
③ 車縫
② 縫合後分開
（背面）
1.5

刺繡圖案
7
約1cm
約0.7cm
5 1
■=DMC939
※25號繡線十字繡（3股線）。

4 手機吊飾 ←照片P11

材料

○ 4-手機吊飾的材料
表布A…亞麻（圓點圖案）10cm×10cm
表布B…木棉（條紋圖案）5cm×10cm
表布C…亞麻（米黃色）10cm×10cm
手機吊繩…1個
線…DMC 25號繡線（939）
＊成品尺寸…參考圖示

製作圖
手機吊飾
（各1片）
0.7
A
5.5
0.7
B
3
C
4.5
0.7
5

13 筆袋

←照片 P 21

製作圖　·單位cm　·加上數字○的縫份後裁剪

筆袋
（表布·裡布 各1片）

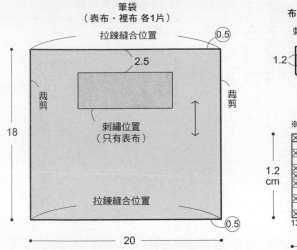

拉鍊縫合位置

(0.5)

2.5

裁剪

裁剪

刺繡位置
（只有表布）

18

拉鍊縫合位置

(0.5)

20

布標（裝飾布1片）

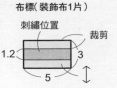

刺繡位置

裁剪

1.2

3

5

布標刺繡圖案
※25號繡線十字繡（2股線）。

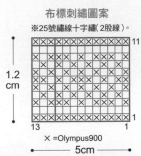

11

1.2
cm

13

1

╳ =Olympus900

5cm

材料

○ 13的材料

表布…亞麻（黑色）20cm×20cm
裡布…木棉（條紋圖案）20cm×20cm
裝飾布…亞麻（白色）5cm×5cm
拉鍊20cm…1條
皮織帶（2cm寬）…20cm
線…Olympus 25號繡線（731）、（900）
＊成品尺寸…長10cm×寬20cm

筆袋刺繡圖案
※25號繡線十字繡（2股線）。　　　■=Olympus731

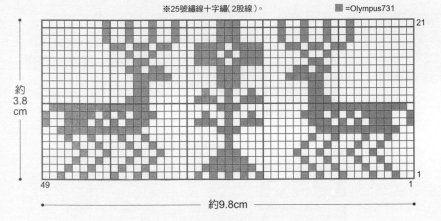

21

約
3.8
cm

49

1

約9.8cm

3 縫上皮織帶

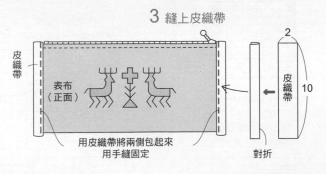

皮織帶

表布
（正面）

用皮織帶將兩側包起來
用手縫固定

2

皮織帶

10

對折

做法

1 縫合表布與裡布

① 在表布刺繡

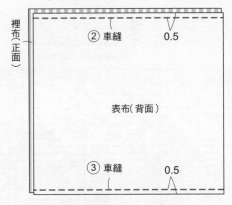

裡布（正面）

② 車縫

0.5

表布（背面）

③ 車縫

0.5

完成圖

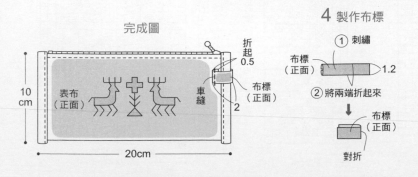

10
cm

表布
（正面）

車縫

折起
0.5

布標
（正面）

2

20cm

4 製作布標

① 刺繡

布標
（正面）

1.2

② 將兩端折起來

布標
（正面）

對折

2 縫上拉鍊

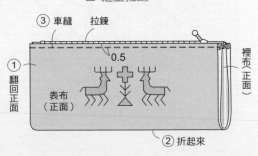

③ 車縫　拉鍊

①

0.5

① 翻回正面

表布
（正面）

裡布
正面

② 折起來

針插製作圖　・單位cm　・加上數字○的縫份後裁剪

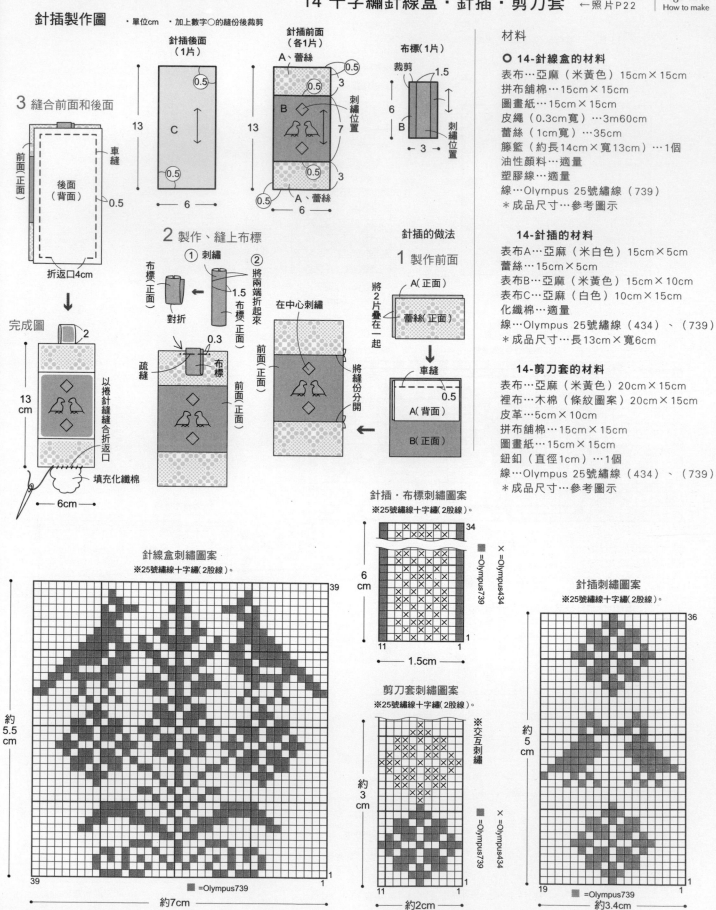

針插後面（1片）

針插前面（各1片）
A、蕾絲

布標（1片）
裁剪

材料

○ 14-針線盒的材料
表布…亞麻（米黃色）15cm×15cm
拼布舖棉…15cm×15cm
圖畫紙…15cm×15cm
皮繩（0.3cm寬）…3m60cm
蕾絲（1cm寬）…35cm
籐籃（約長14cm×寬13cm）…1個
油性顏料…適量
塑膠線…適量
線…Olympus 25號繡線（739）
＊成品尺寸…參考圖示

14-針插的材料
表布A…亞麻（米白色）15cm×5cm
蕾絲…15cm×5cm
表布B…亞麻（米黃色）15cm×10cm
表布C…亞麻（白色）10cm×15cm
化纖棉…適量
線…Olympus 25號繡線（434）、（739）
＊成品尺寸…長13cm×寬6cm

14-剪刀套的材料
表布…亞麻（米黃色）20cm×15cm
裡布…木棉（條紋圖案）20cm×15cm
皮革…5cm×10cm
拼布舖棉…15cm×15cm
圖畫紙…15cm×15cm
鈕釦（直徑1cm）…1個
線…Olympus 25號繡線（434）、（739）
＊成品尺寸…參考圖示

3 縫合前面和後面

2 製作、縫上布標

針插的做法
1 製作前面

完成圖

針插・布標刺繡圖案
※25號繡線十字繡（2股線）。
×＝Olympus434
■＝Olympus739

針線盒刺繡圖案
※25號繡線十字繡（2股線）。
■＝Olympus739

剪刀套刺繡圖案
※25號繡線十字繡（2股線）。
※交互刺繡
×＝Olympus434
■＝Olympus739

針插刺繡圖案
※25號繡線十字繡（2股線）。
■＝Olympus739

・單位cm

針線盒的做法

1 製作蓋子

布

配合藤籃的蓋子
剪下一塊稍大的布

0.5　（正面）

① 在中央刺繡

② 縮縫

2 製作藤籃

塗上油性顏料畫成
深咖啡色的藤籃

（正面）

藤籃　　用漿糊黏在
藤籃的蓋子上

約9.5cm

（正面）

蕾絲

用漿糊黏在
蓋子側面

疊起來

拼布舖棉
圖畫紙

將拼布舖棉黏在剪得比
藤籃蓋子還大的圖畫紙上

（正面）

拉緊縮縫的線

用漿糊固定內側

圖畫紙

完成圖

蓋子

約14cm

40cm
（編成四股辮子
編法的狀態）

用塑膠線固定

以四股辮子編
法編織皮繩用
塑膠線固定於
兩側

剪刀套的做法
・單位cm

1 剪布和圖畫紙

布

圖畫紙

布要剪得稍
微大一點
（表布 2片
裡布 2片）

配合剪刀
大小剪4片
圖畫紙

2 製作裡布

裡布（背面）

裡布（正面）

縮縫

拉緊縮縫
的線用漿
糊固定在
圖畫紙上

圖畫紙

0.5

※製作2片

3 製作表布

拼布舖棉

圖畫紙

黏上
拼布舖棉
製作2片

0.2

表布（正面）

刺繡（只要前側）

表布（背面）

拼布舖棉

圖畫紙

0.5

縮縫

表布（正面）

拉緊縮縫的線用漿糊
固定在圖畫紙上

圖畫紙

※製作2片

4 將表布和裡布黏在一起

鈕釦孔
（用美工刀切割）

蓋子（背面）

皮革

1
1.2
6
4
0.5

＜後＞
用漿糊黏蓋子

裡布
（正面）

表布
（正面）

圖畫紙

表布（正面）

裡布
（正面）

圖畫紙

1.5

縫上鈕釦

用漿糊黏貼表布與裡布

用漿糊黏貼表布與裡布

5 縫合前與後

＜後＞

蓋子背面

＜前＞

裡布（正面）

表布（正面）

蓋子背面

捲針縫

完成圖

5cm

11cm

15 圓點縮褶繡針線包&針插

←照片P24

針線包的製作圖　・單位cm

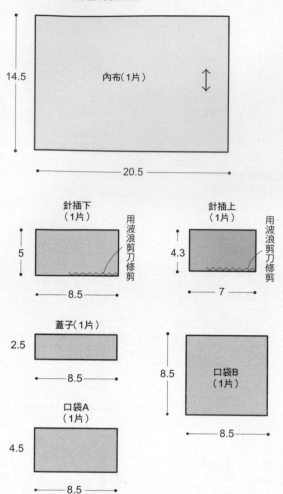

內布(1片)

14.5

20.5

針插下
(1片)

5

8.5

用波浪剪刀修剪

針插上
(1片)

4.3

7

用波浪剪刀修剪

蓋子(1片)

2.5

8.5

口袋B
(1片)

8.5

8.5

口袋A
(1片)

4.5

8.5

材料

○ 15-針線包的材料

表布…木棉（圓點圖案）35cm×25cm
內布…亞麻（米白色）25cm×15cm
口袋、蓋子、針插下布…
不織布（米黃色）20cm×15cm
針插上布…不織布（粉紅色）10cm×5cm
麂皮繩（0.5cm寬）…95cm
棉織帶（0.5cm寬）…30cm
貝殼鈕釦（長1cm×寬1.3cm）…1個
線…Olympus 25號繡線（210）、（800）
＊成品尺寸…參考圖示

○ 15-針插的材料

表布…木棉（圓點圖案）25cm×25cm
底布…不織布（米白色）10cm×10cm
棉織帶（0.5cm寬）…20cm
彈性織帶（0.9cm寬）…15cm
化纖棉…適量
線…Olympus 25號繡線（210）、（800）
＊成品尺寸…參考圖示

針線包的做法

1 縮褶繡

① 四角都折1cm縫份，製作縮褶繡（參考圖示）

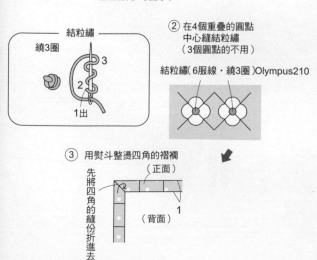

結粒繡
繞3圈

3
2
1出

② 在4個重疊的圓點中心縫結粒繡
（3個圓點的不用）

結粒繡(6服線・繞3圈)Olympus210

③ 用熨斗整燙四角的褶襉

（正面）

（背面）

2
1

先將四角的縫份折進去

針線包縮褶繡圖案
※25號繡線3股線。

圓點縮褶繡(繡法請參閱P46)

Olympus 800

表布
（1片）

四角用3個圓點繡

2進　1出
6進
3出　5出
4進

2進 3出
1出　4進
8進　5出
7出 6進

22

34

直徑0.5cm的圓點

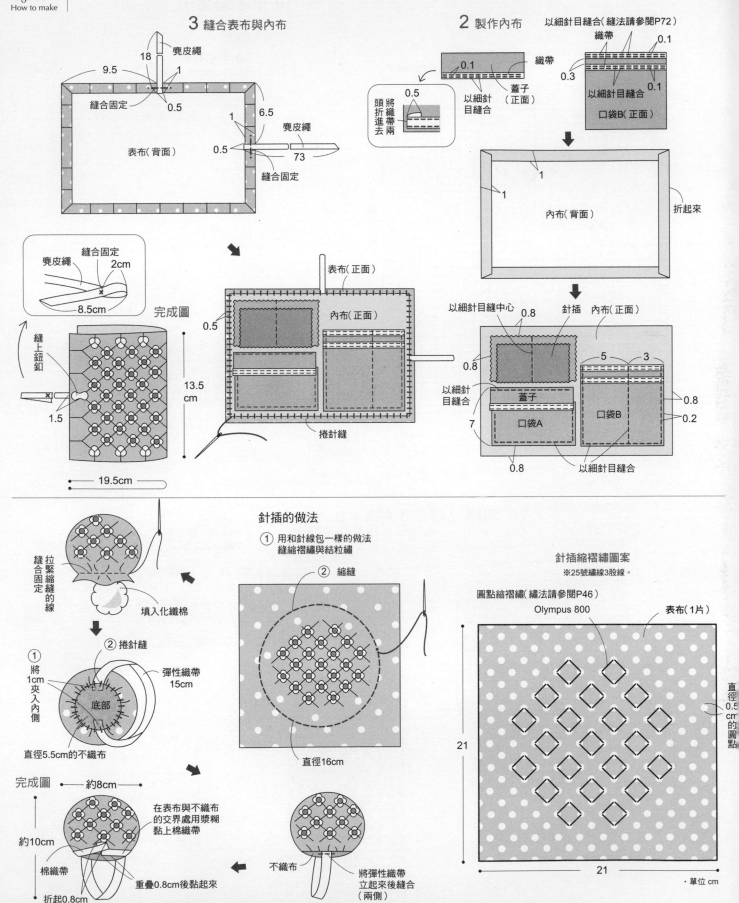

3 縫合表布與內布

麂皮繩

18
1

9.5

縫合固定
0.5

1
6.5

表布（背面）

麂皮繩
0.5
73

縫合固定

2 製作內布

以細針目縫合（縫法請參閱P72）

織帶
0.1
0.3
0.1

0.1
織帶
蓋子（正面）

以細針目縫合

口袋B（正面）

以細針目縫合

0.5
將織帶頭折進去兩

1
1

內布（背面）

折起來

麂皮繩
縫合固定
2cm

8.5cm

完成圖

縫上鈕釦

1.5

13.5cm

0.5

表布（正面）

內布（正面）

捲針縫

以細針目縫中心
0.8

針插

內布（正面）

0.8

以細針目縫合

0.8

蓋子

口袋A

7

5 3

0.8
0.2

口袋B

0.8

以細針目縫合

19.5cm

拉緊縮縫的線
縫合固定

填入化纖棉

① 將1cm夾入內側

② 捲針縫

底部

彈性織帶15cm

直徑5.5cm的不織布

完成圖

約8cm

約10cm

棉織帶

重疊0.8cm後黏起來

折起0.8cm

針插的做法

① 用和針線包一樣的做法縫縮褶繡與結粒繡

② 縮縫

直徑16cm

不織布

將彈性織帶立起來後縫合（兩側）

在表布與不織布的交界處用漿糊黏上棉織帶

針插縮褶繡圖案
※25號繡線3股線。

圓點縮褶繡（繡法請參閱P46）
Olympus 800

表布（1片）

21

21

直徑0.5cm的圓點

· 單位 cm

19 十字繡圍巾　←照片P29

刺繡圖案
※除了指定以外，一律使用25號繡線十字繡（4股線）。

× ＝COSMO151

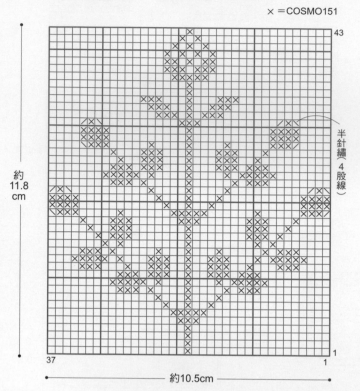

約 11.8 cm

半針繡（4股線）

43

37　　　　　　　　　　　1

約10.5cm

材料

O 19的材料
市售的圍巾…1條
刺繡蕾絲（3cm寬）…15cm
轉繡網布「10cm70格」
線…COSMO25號繡線（151）

做法

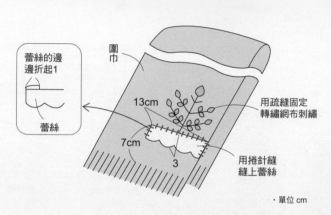

蕾絲的邊
邊折起1

蕾絲

圍巾

13cm

7cm

3

用疏縫固定
轉繡網布刺繡

用捲針縫
縫上蕾絲

・單位 cm

20 刺繡點綴的手帕a・b　←照片P30

完成圖

20-a

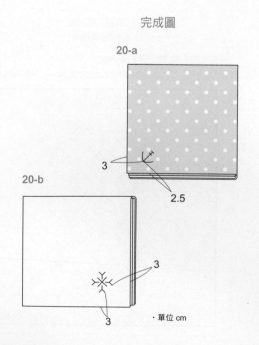

3

2.5

20-b

3

3

・單位 cm

材料

O 20-a・b的材料
市售的手帕…各1條
線…a→DMC25號繡線（939）
　　b→DMC25號繡線（304）

20-b 刺繡圖案
※25號繡線十字繡（2股線）。

● ＝DMC304

約 2 cm

15

15　　　　　　　1

約2cm

20-a 刺繡圖案
※25號繡線十字繡（2股線）。

■ ＝DMC939

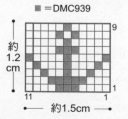

約 1.2 cm

9

11　　　　1

約1.5cm

18 縮褶繡領巾　←照片P28

做法

約48cm

② 以捲針縫縫上蕾絲

單位 cm

1

3.5

蕾絲

折起1

約
200
cm

領巾

① 縮褶繡

③ 縫上鈕釦

1
6
3
1
1

② 以捲針縫縫上蕾絲

材料

○ 18的材料
市售的圍巾…1條
刺繡蕾絲（3.5cm寬）…1m
線…COSMO25號繡線（344）、（711）

縮褶繡圖案

25號繡線十字繡（6股線）。

蜂巢縮褶繡（ 繡法請參閱P46 ）

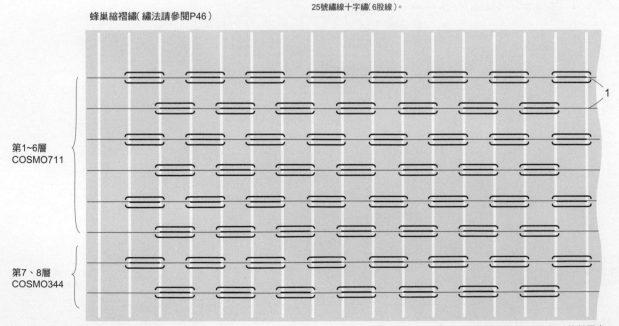

第1~6層
COSMO711

第7、8層
COSMO344

1

※垂直線可以利用布面的條紋圖案

16 刺繡點綴的POLO衫　←照片P26

做法

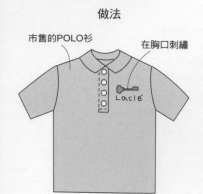

市售的POLO衫

在胸口刺繡

刺繡圖案

※25號繡線十字繡（3股線）。

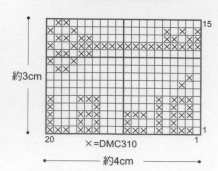

15

約3cm

20　　　×=DMC310　　　1

1

約4cm

材料

○ 16的材料

市售的POLO衫…1件

線…DMC25號繡線（310）

---

17 包釦a・b・c・d・e・f　←照片P27

※除了指定以外，一律使用
25號繡線十字繡（2股線）。

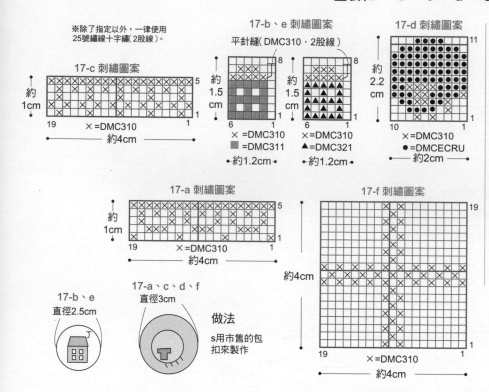

17-c 刺繡圖案

約
1cm

19　　×=DMC310　　1

約4cm

17-b、e 刺繡圖案

平針縫（DMC310・2股線）

8

約
1.5
cm

6　　　　　　1

×=DMC310
■=DMC311

約1.2cm

8

約
1.5
cm

6　　　　　　1

×=DMC310
▲=DMC321

約1.2cm

17-d 刺繡圖案

11

約
2.2
cm

10　　　　　1

×=DMC310
●=DMCECRU

約2cm

17-a 刺繡圖案

5

約
1cm

19　　×=DMC310　　1

約4cm

17-f 刺繡圖案

19

約4cm

19　　×=DMC310　　1

約4cm

17-b、e
直徑2.5cm

17-a、c、d、f
直徑3cm

做法

s用市售的包
扣來製作

材料

○ 17a~f的材料

表布…亞麻（米黃色、白色）各少許

包扣（直徑2.5cm）…2個
　　（直徑3cm）…4個

線…a、c、f→DMC25號繡線
　　（310）
　　b→DMC25號繡線
　　（310）、（311）
　　d →DMC25號繡線
　　（310）、（ECRU）
　　e→DMC25號繡線
　　（310）、（321）

＊成品尺寸…參考圖示

21-b 縮褶繡圖案

※25號繡線3股線。

0.5cm　0.5cm

鑽石縮褶繡
（繡法請參閱P46）
DMCECRU

※利用布面圖
案的格子

製作圖　・單位cm　・加上數字○的縫份後裁剪

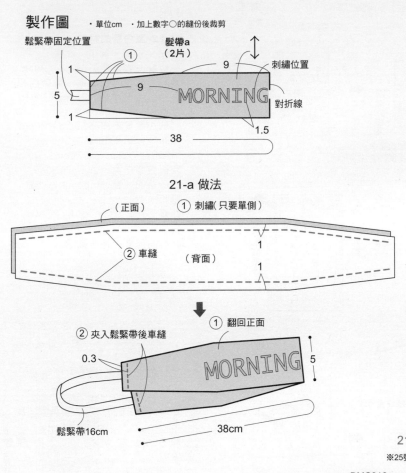

鬆緊帶固定位置
① 髮帶a（2片）
刺繡位置
1
9
5
9　MORNING
對折線
1
1.5
38

材料

○ 21-a的材料
表布…亞麻（米黃色）40cm×20cm
鬆緊帶（黑色・1cm寬）…20cm
線…DMC 25號繡線310號
＊成品尺寸…參考圖示

○ 21-b的材料
表布…木棉（格紋圖案）60cm×15cm
鬆緊帶（黑色・1cm寬）…35cm
線…DMC 25號繡線（ECRU）
＊成品尺寸…參考圖示

21-a 做法

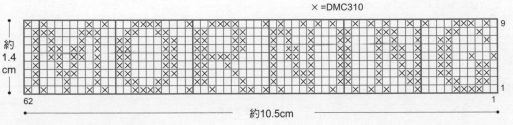

（正面）
① 刺繡（只要單側）
② 車縫
（背面）
1
1

① 翻回正面
② 夾入鬆緊帶後車縫
0.3
MORNING
5
鬆緊帶16cm
38cm

21-a刺繡圖案
※25號繡線十字繡（3股線）。

✕ =DMC310

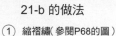

約1.4cm
9
62
1
約10.5cm

21-b 的做法

① 縮褶繡（參閱P68的圖）

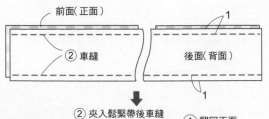

前面（正面）
1
② 車縫
後面（背面）
1

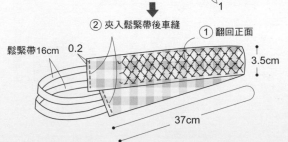

② 夾入鬆緊帶後車縫
① 翻回正面
鬆緊帶16cm　0.2
3.5cm
37cm

製作圖　・單位cm　・加上數字○的縫份後裁剪

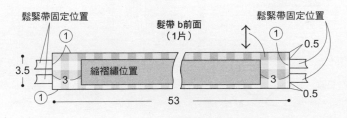

鬆緊帶固定位置
髮帶 b前面（1片）
鬆緊帶固定位置
①
0.5
3.5
3　縮褶繡位置
3
①
0.5
53

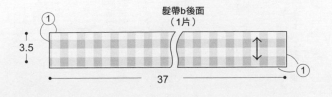

髮帶b後面（1片）
1
3.5
1
37

22 室內鞋 ←照片P32 縮小紙型P71

做法
・單位 cm

2 製作繫帶

繫帶內裡（背面）
車縫
0.5
繫帶表面（正面）
在弧形部分剪牙口

翻回正面
縫上鈕釦
繫帶表面（正面）
在背面縫上暗釦（凸）

1 製作布標

※製作2片
對折
縫合固定

兩端折起來

1 1
1

布標（正面）
3.2
1
2.2
3.2
1
0.2
0.2
4.2
用疏縫固定後刺繡繡網布後刺繡轉

※刺繡圖案請參閱P72

表布（正面）
0.2
表布（正面）
車縫壓線
腳背表面
拼布舖棉
襯布（背面）

3 製作腳背

腳背表面
將周圍剪掉

表布（正面）
腳背表面
沿著紙型畫線
30
21

材料

○ 22-室內鞋的材料
表布（腳背、繫帶、布標）
…亞麻（咖啡色）50cm×30cm
裡布（腳背、內底罩、繫帶內裡）
…格紋（淺綠色）70cm×30cm
外底…丹寧布30cm×30cm
內底…厚質不織布20cm×30cm
襯布…被單布65cm×30cm
拼布舖棉…65cm×30cm
雙面有膠布襯…20cm×30cm
貝殼鈕釦（直徑0.6cm）…2個
暗扣…2組
轉繡網布「10cm100格」
線…DMC25號繡線（522）
＊成品尺寸…參考圖示

① 將繫帶夾在中間
0.5
② 縫上固定
0.5
布標（表面）
腳跟
腳背內裡（背面）
畫上縫份
0.5
③ 車縫
④ 在弧形部分剪牙口
腳背內裡（背面）
腳背表面（正面）
縫合後分開
腳背表面（正面）
襯布（正面）
1
※腳背內裡也用同樣的方式縫合腳跟部分

4 製做外底

② 車縫壓線
0.2
表布（正面）
① 沿著紙型畫線
拼布舖棉
外底
外底
29
將周圍剪掉
襯布（背面）
13

③ 鋸齒縫車縫份
① 翻回正面
腳背表面（正面）
0.5
腳背內裡（正面）
② 車縫壓線
外底（正面）
① 翻回腳背內裡側
② 對齊記號後車縫

6 縫合腳背與外底

縮縫使長度一致
對齊記號
稍微重疊
腳背表面（正面）
內底罩（正面）
縮縫
0.3
在腳跟處剪牙口

5 製作內底

不織布（背面）
不織布（背面）
漿糊
剝除表面的膜
黏上雙面有膠布襯

7 加上內底

內底（正面）
約25cm
① 以捲針縫縫合
腳背內裡（正面）
腳背內裡（正面）
外底（襯布）
② 翻回正面將暗釦（凹）縫在固定位置上

腳背內裡（正面）
在弧形部分剪牙口
將縫份倒向底側以捲針縫固定在底部
車縫壓線
0.5
內底罩（正面）
往左右拉緊縮縫線
內底罩（背面）
用熨斗燙在不織布上
不織布（表面）
不織布（表面）
內底（正面）

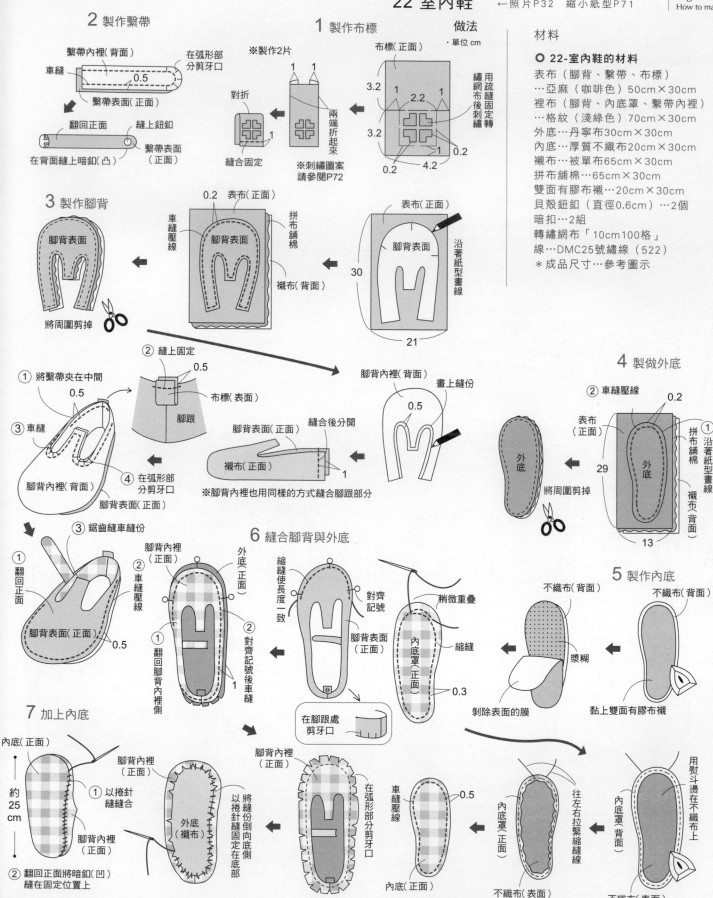

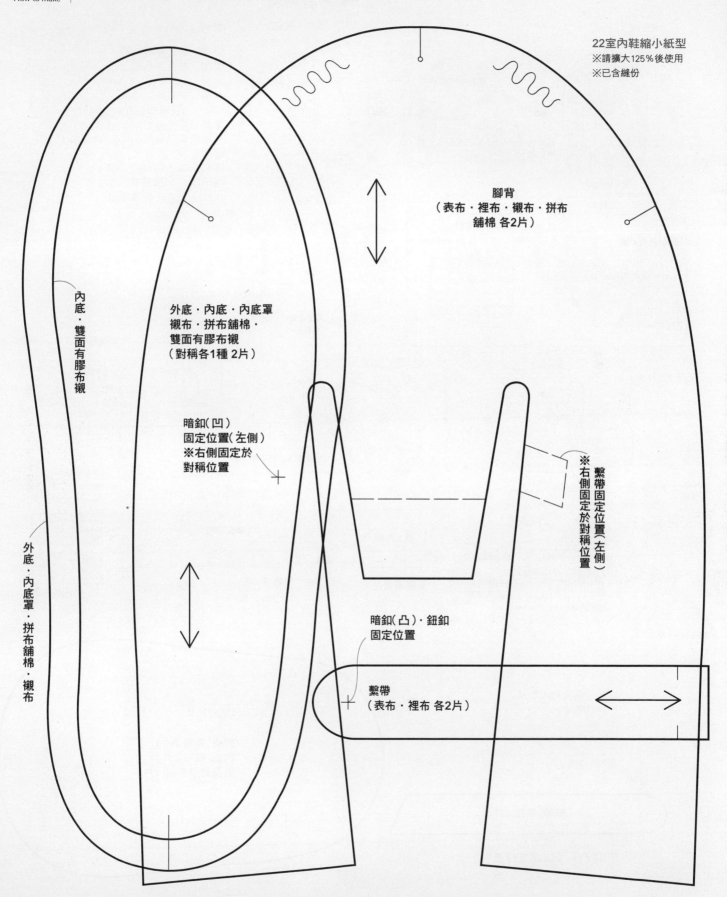

22室內鞋縮小紙型
※請擴大125％後使用
※已含縫份

腳背
（表布·裡布·襯布·拼布
舖棉 各2片）

內底·雙面有膠布襯

外底·內底·內底罩
襯布·拼布舖棉·
雙面有膠布襯
（對稱各1種 2片）

暗釦(凹)
固定位置(左側)
※右側固定於
對稱位置

繫帶固定位置（左側）
※右側固定於對稱位置

外底·內底罩·拼布舖棉·襯布

暗釦(凸)·鈕釦
固定位置

繫帶
（表布·裡布 各2片）

22 嬰兒鞋 ←照片P32實物大紙型 P72、73

· 單位 cm

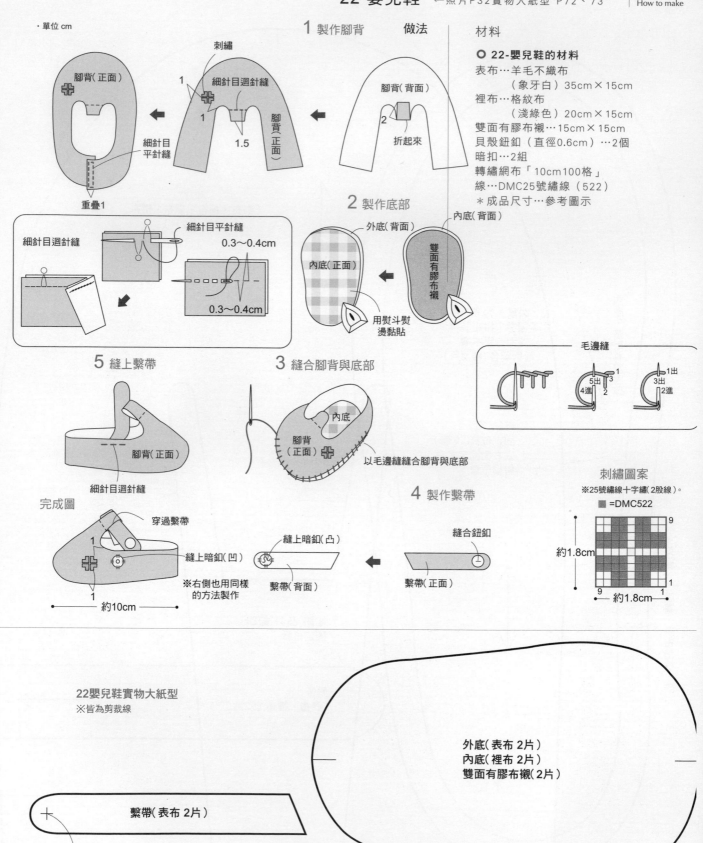

1 製作腳背　　做法

腳背（正面）
刺繡
細針目迴針縫
1
1
細針目平針縫
重疊1

腳背（背面）
1.5
腳背（正面）

腳背（背面）
2
折起來

2 製作底部

細針目迴針縫
細針目平針縫
0.3～0.4cm
0.3～0.4cm

外底（背面）
內底（正面）
內底（背面）
雙面有膠布襯
用熨斗熨燙黏貼

5 縫上繫帶

腳背（正面）
細針目迴針縫

3 縫合腳背與底部

內底
腳背（正面）
以毛邊縫縫合腳背與底部

完成圖

穿過繫帶
縫上暗釦（凹）
1
1
※右側也用同樣的方法製作
← 約10cm →

4 製作繫帶

縫上暗釦（凸）
繫帶（背面）
縫合鈕釦
繫帶（正面）

材料

○ 22-嬰兒鞋的材料
表布…羊毛不織布
　　　（象牙白）35cm×15cm
裡布…格紋布
　　　（淺綠色）20cm×15cm
雙面有膠布襯…15cm×15cm
貝殼鈕釦（直徑0.6cm）…2個
暗扣…2組
轉繡網布「10cm100格」
線…DMC25號繡線（522）
＊成品尺寸…參考圖示

毛邊縫

1出
5出　3
4進　2

1出
3出
2進

刺繡圖案
※25號繡線十字繡（2股線）。
■ =DMC522

約1.8cm
9
1
9　約1.8cm　1

22嬰兒鞋實物大紙型
※皆為剪裁線

外底（表布2片）
內底（裡布2片）
雙面有膠布襯（2片）

繫帶（表布2片）

暗釦（凸）·鈕釦固定位置

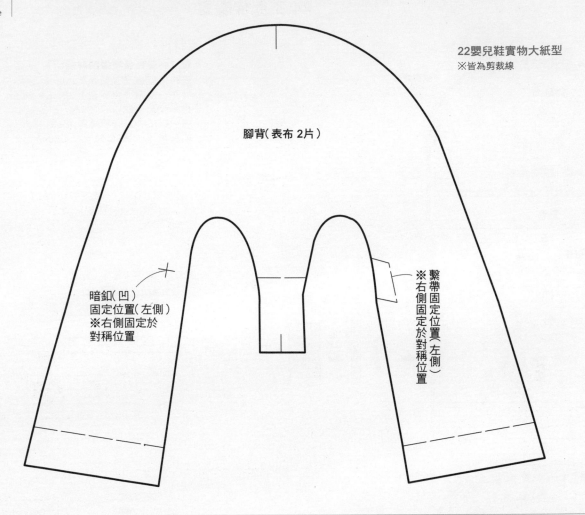

22嬰兒鞋實物大紙型
※皆為剪裁線

腳背（表布 2 片）

暗釦（凹）
固定位置（左側）
※右側固定於
對稱位置

※繫帶固定位置（左側）
右側固定於對稱位置

---

23 杯墊a・b　　←照片P36

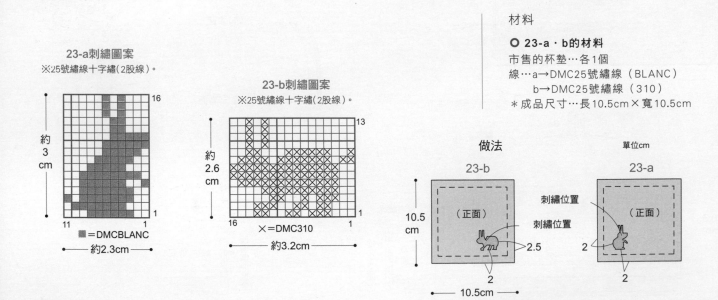

23-a刺繡圖案
※25號繡線十字繡（2股線）。

約3cm

16
11　　1

■=DMCBLANC
約2.3cm

23-b刺繡圖案
※25號繡線十字繡（2股線）。

約2.6cm

13
16　　1

×=DMC310
約3.2cm

材料

○ 23-a・b的材料
市售的杯墊…各1個
線…a→DMC25號繡線（BLANC）
　　　b→DMC25號繡線（310）
＊成品尺寸…長10.5cm×寬10.5cm

做法　　　　　　　　　單位cm

23-b
（正面）
10.5cm
刺繡位置
刺繡位置
2.5
2
10.5cm

23-a
（正面）
刺繡位置
刺繡位置
2
2

24 茶壺保暖罩 ←照片P37 實物大紙型P75

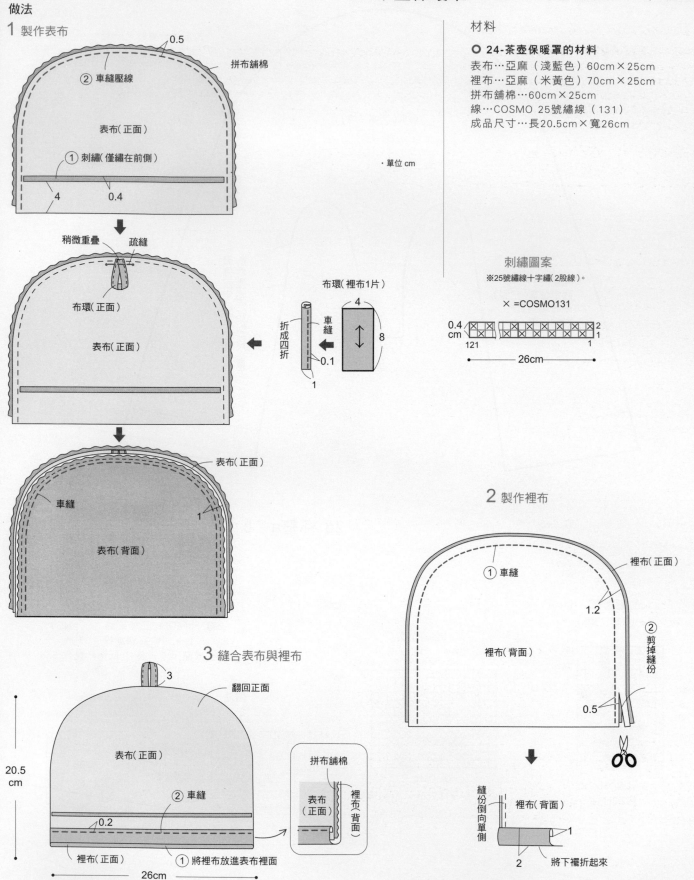

做法

1 製作表布

0.5
② 車縫壓線
拼布鋪棉
表布（正面）
① 刺繡（僅繡在前側）
4
0.4

稍微重疊　疏縫
布環（正面）
表布（正面）

布環（裡布1片）
4
折　車
成　縫
四
折
0.1
8
1

表布（正面）
車縫
1
表布（背面）

材料

○ 24-茶壺保暖罩的材料
表布…亞麻（淺藍色）60cm×25cm
裡布…亞麻（米黃色）70cm×25cm
拼布鋪棉…60cm×25cm
線…COSMO 25號繡線（131）
成品尺寸…長20.5cm×寬26cm

・單位 cm

刺繡圖案
※25號繡線十字繡（2股線）。

× =COSMO131

0.4
cm
2
1
121　　　　　　1
26cm

2 製作裡布

① 車縫
裡布（正面）
1.2
裡布（背面）
② 剪掉縫份
0.5

縫份倒向單側
裡布（背面）
1
2
將下襬折起來

3 縫合表布與裡布

3
翻回正面
表布（正面）
20.5
cm
② 車縫
0.2
裡布（正面）
① 將裡布放進表布裡面
26cm

拼布鋪棉
表布（正面）
裡布（背面）

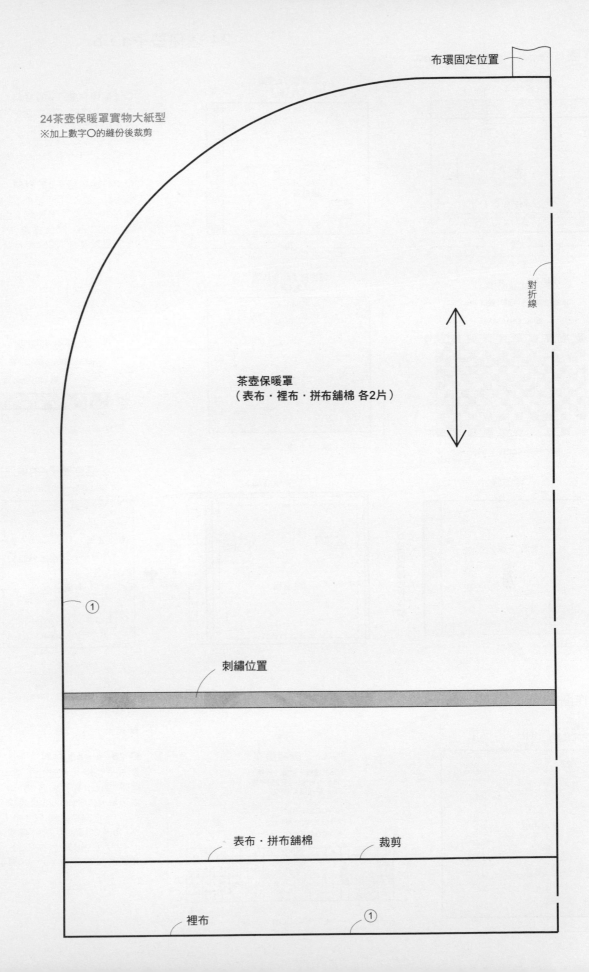

布環固定位置

24茶壺保暖罩實物大紙型
※加上數字○的縫份後裁剪

對折線

茶壺保暖罩
（表布・裡布・拼布舖棉 各2片）

①

刺繡位置

表布・拼布舖棉　　　裁剪

裡布　　　　　　　　①

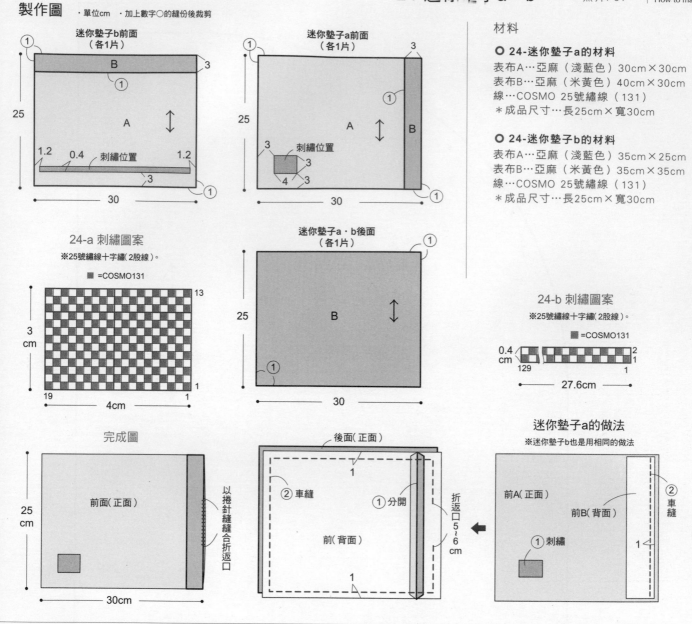

製作圖　・單位cm　・加上數字○的縫份後裁剪

迷你墊子b前面（各1片）
B
A
刺繡位置
① ③ 25 1.2 0.4 1.2 ③ ① 30

迷你墊子a前面（各1片）
③ A B 刺繡位置
① 25 ③ ④ ③ ① 30

迷你墊子a‧b後面（各1片）
① B 25 ① 30

24-a 刺繡圖案
※25號繡線十字繡（2股線）。
■=COSMO131
13
3 cm
1
19　4cm　1

24-b 刺繡圖案
※25號繡線十字繡（2股線）。
■=COSMO131
0.4 cm 2
129　1
27.6cm

完成圖
前面（正面）
25 cm
以捲針縫縫合折返口
30cm

後面（正面）
②車縫　①分開
前（背面）
折返口5～6cm
1 1 1

迷你墊子a的做法
※迷你墊子b也是用相同的做法
前A（正面）
前B（背面）
①刺繡
②車縫
1

材料

○ 24-迷你墊子a的材料
表布A…亞麻（淺藍色）30cm×30cm
表布B…亞麻（米黃色）40cm×30cm
線…COSMO 25號繡線（131）
＊成品尺寸…長25cm×寬30cm

○ 24-迷你墊子b的材料
表布A…亞麻（淺藍色）35cm×25cm
表布B…亞麻（米黃色）35cm×35cm
線…COSMO 25號繡線（131）
＊成品尺寸…長25cm×寬30cm

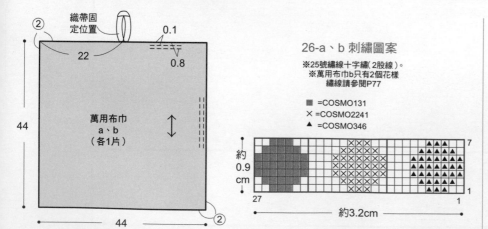

製作圖　・單位cm　・加上數字○的縫份後裁剪

26萬用布巾a‧b　←照片P39

織帶固定位置
② 0.1 22 0.8 ②
萬用布巾a、b（各1片）
44
44
②

26-a、b 刺繡圖案
※25號繡線十字繡（2股線）。
※萬用布巾b只有2個花樣
　繡線請參閱P77

■=COSMO131
×=COSMO2241
▲=COSMO346

約0.9 cm
7
1
27　約3.2cm　1

材料

○ 26- a‧b的材料
表布…亞麻（米黃色）各48cm×48cm
織帶（1cm寬）…各15cm
線…a→COSMO 25號繡線（131）、
　　　（346）、（2241）
　　b→COSMO 25號繡線（131）、
　　　（168）、（169）、（600）
＊成品尺寸…長44cm×寬44cm

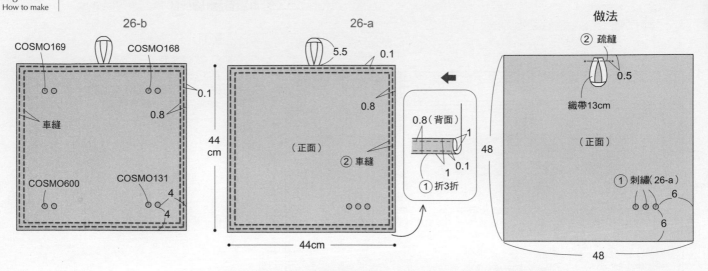

26-b

COSMO169　COSMO168

車縫

COSMO600　COSMO131

0.1

0.8

4
4

44 cm

26-a

5.5　0.1

0.8

（正面）

② 車縫

44cm

0.8（背面）
1
① 折3折
0.1
1

做法

② 疏縫

0.5

織帶13cm

（正面）

48

① 刺繡（26-a）
6
6

48

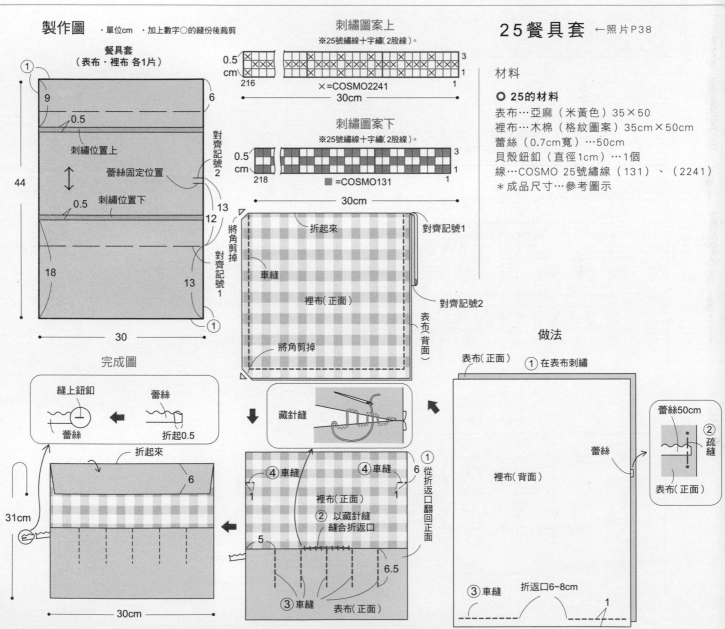

製作圖
・單位cm　・加上數字○的縫份後裁剪

餐具套
（表布・裡布 各1片）

①

9
6
0.5
刺繡位置上
蕾絲固定位置
0.5
刺繡位置下

44

18
13

30

①

對齊記號2
13
12
將角剪掉
對齊記號1

刺繡圖案上
※25號繡線十字繡（2股線）。

0.5 cm
216
3
1
×＝COSMO2241
30cm

刺繡圖案下
※25號繡線十字繡（2股線）。

0.5 cm
218
3
1
■＝COSMO131
30cm

折起來
車縫
裡布（正面）
將角剪掉
對齊記號1
對齊記號2
表布（背面）

完成圖

縫上鈕釦　　蕾絲
蕾絲　　折起0.5

折起來
6

31cm

30cm

藏針縫

④ 車縫　　④ 車縫
①
裡布（正面）
② 以藏針縫
縫合折返口
5
③ 車縫
6.5
表布（正面）
① 從折返口翻回正面
6
1

25 餐具套　←照片P38

材料

○ **25的材料**
表布…亞麻（米黃色）35×50
裡布…木棉（格紋圖案）35cm×50cm
蕾絲（0.7cm寬）…50cm
貝殼鈕釦（直徑1cm）…1個
線…COSMO 25號繡線（131）、（2241）
＊成品尺寸…參考圖示

做法

表布（正面）　① 在表布刺繡

蕾絲50cm
② 疏縫
蕾絲
表布（正面）

裡布（背面）

③ 車縫　折返口6~8cm
1

24 縮褶繡圍裙 ←照片P40

製作圖
· 單位cm　· 數字○為縫份

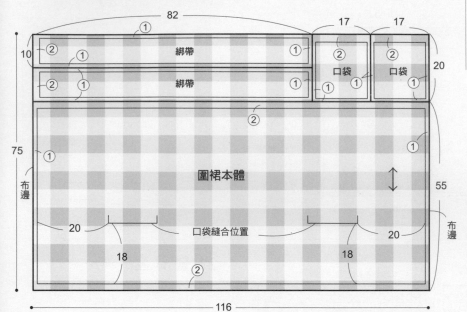

材料

○ 27的材料

表布…格紋布（咖啡色）116cm×75cm
線…DMC25號繡線（3345）
＊成品尺寸…參考圖示

圍裙縮褶繡圖案
※25號繡線十字繡（3股線）。

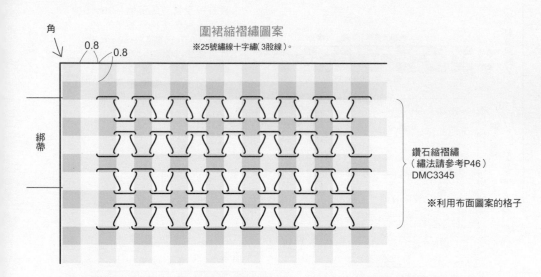

鑽石縮褶繡
（繡法請參考P46）
DMC3345

※利用布面圖案的格子

口袋縮褶繡圖案
※25號繡線十字繡（3股線）。

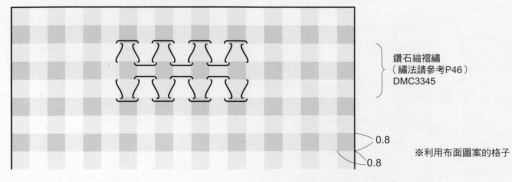

鑽石縮褶繡
（繡法請參考P46）
DMC3345

※利用布面圖案的格子

做法

2 製作綁帶

車縫
1
折起來

0.5　0.4
綁帶（背面）　車縫
0.5

車縫
0.2
綁帶（背面）
翻回正面

分開
綁帶（正面）

綁帶（正面）
綁帶（背面）
綁帶（正面）
4
折褶襉

綁帶（正面）　車縫
折起來　10　綁帶（背面）

1 製作口袋

1　1
折三折　車縫
1.5
0.5　1.4
折起來
口袋（正面）
折起來　口袋（正面）　1
折起來

圍裙本體（正面）
車縫
口袋（正面）　17
15

3 縫上綁帶，處理布邊

綁帶（正面）
① 鋸齒縫車邊
折起來
④ 車縫　1.8　0.2
布邊
折起來
⑦ 將綁帶翻起來車縫壓線
綁帶（正面）
折起來
③ 夾入綁帶
圍裙本體（正面）
0.8
0.8
⑧ 車縫　⑤ 車縫　1.8
⑥ 車縫
② 鋸齒縫車邊
折起來

完成圖

約65cm
在腰部縮褶繡
51cm
在中心縮褶繡
114cm

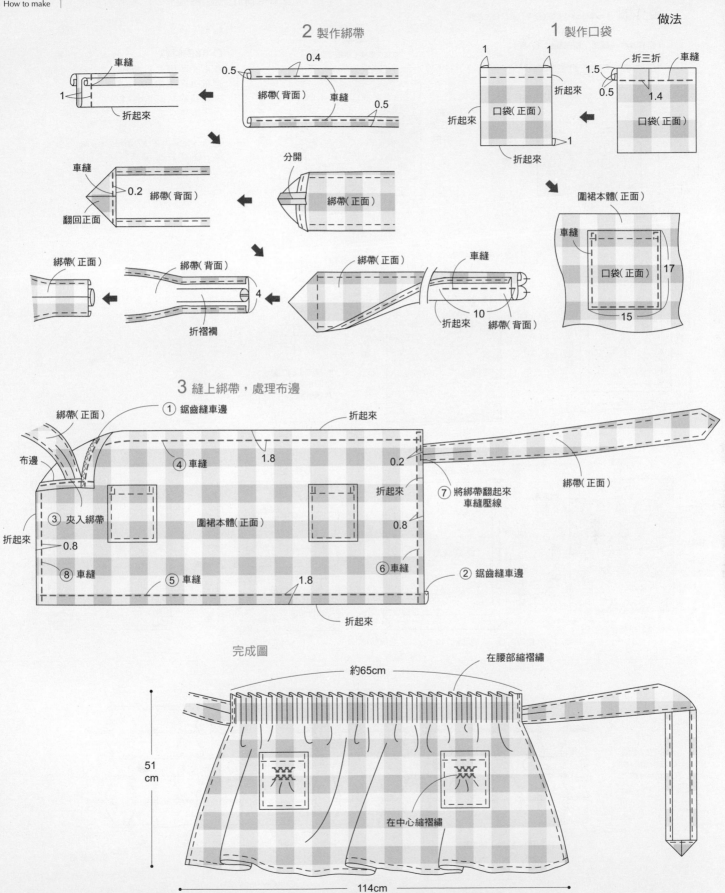

28 鍋把握柄墊　←照片P41

製作圖　·單位cm　·加上數字○的縫份後裁剪

鍋把握柄墊
（表布 2片、襯布、拼布舖棉 各1片）

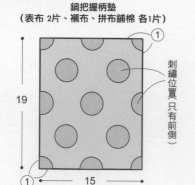

19
15
① ①
刺繡位置（只有前側）

刺繡圖案
※25號繡線十字繡（2股線）。

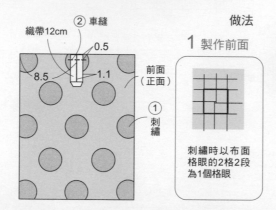

約 3.3 cm
約3.5cm
16
20　1
1
■=DMC938

材料

○ 28的材料
表布…亞麻（米黃色）35cm×20cm
襯布…床單布20cm×20cm
拼布舖棉…20cm×20cm
人字織帶（1.1 cm寬）…15cm
　　　　（3.7 cm寬）…35cm
毛巾（26cm×17cm）…1條
線…DMC25號繡線（938）
＊成品尺寸…長19cm×寬15cm

2 縫製毛巾

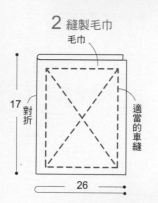

毛巾
17　對折
26
適當的車縫

做法

1 製作前面

② 車縫
0.5
織帶12cm
8.5　1.1
前面（正面）
① 刺繡

刺繡時以布面格眼的2格2段為1個格眼

完成圖

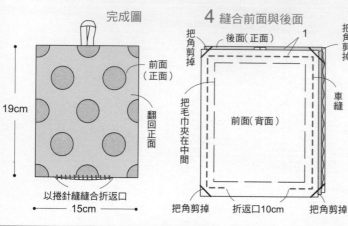

前面（正面）
19cm
翻回正面
15cm
以捲針縫縫合折返口

4 縫合前面與後面

後面（正面）　1
把角剪掉
把角剪掉
車縫
前面（背面）
把毛巾夾在中間
把角剪掉　折返口10cm　把角剪掉

3 製作後面

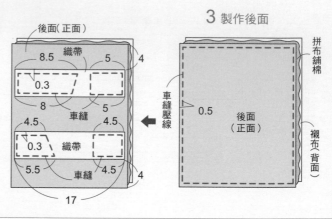

後面（正面）
8.5　織帶　5　4
0.3
8　5
車縫
4.5　4.5
0.3　織帶
5.5　4.5
車縫
17

後面（正面）
拼布舖棉
車縫壓線
0.5
後面（正面）
襯布（背面）

29-a 縮褶繡圖案
※縮褶繡以25號繡線3股線。

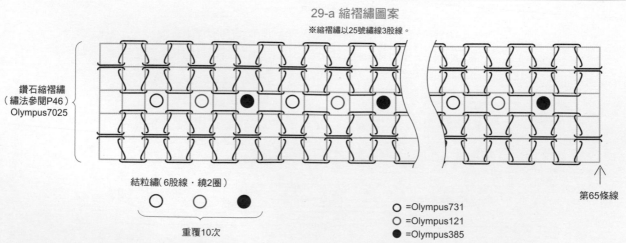

鑽石縮褶繡
（繡法參閱P46）
Olympus7025

第65條線

結粒繡（6股線·繞2圈）
○ ○ ●
重覆10次

○ =Olympus731
○ =Olympus121
● =Olympus385

←照片P42

製作圖　・單位cm
　　　　・加上數字○的縫份後裁剪　　**瓶罐套a（1片）**

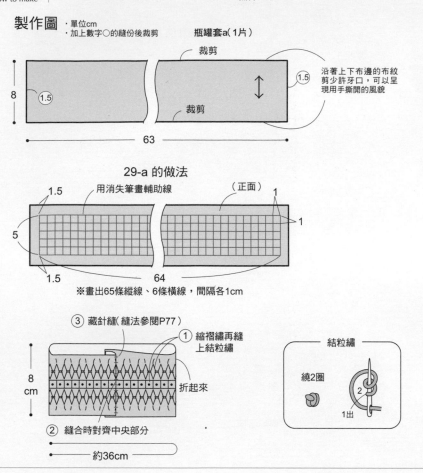

裁剪

裁剪

8

⑴.5

⑴.5

⑴.5

沿著上下布邊的布紋
剪少許牙口，可以呈
現用手撕開的風貌

63

材料

○ 29-a的材料
表布…法蘭絨（米黃色）70cm×10cm
水性消失筆（粗）…1枝
線…Olympus繡線（121）、（385）、
（731）、（7025）
＊成品尺寸…參考圖示

○ 29-b的材料
表布…法蘭絨（咖啡色）40cm×10cm
蕾絲（1.3cm寬）…75cm
轉繡網布「10cm70格」
線…Olympus繡線（121）、（385）、
（731）
＊成品尺寸…參考圖示

29-a 的做法

用消失筆畫輔助線

1.5

5

1.5

（正面）

1

1

1.5

64

※畫出65條縱線、6條橫線，間隔各1cm

③ 藏針縫（縫法參閱P77）
① 縮褶繡再縫
　上結粒繡

8 cm

折起來

② 縫合時對齊中央部分

約36cm

結粒繡
繞2圈
2
1出

29-b 的做法

蕾絲

細針目平針縫（Olympus731・1股線）　（正面）

蕾絲

※細針目平針縫的縫法參閱P72

以疏縫暫時固定轉繡網布

結粒繡
繞1圈
2進
1

2.5
（正面）

① 刺繡
（十字繡之後拆下轉繡網布做結粒繡）

折起來　　重疊1

8.5 cm

折起來

② 藏針縫（縫法參閱P77）

34cm

製作圖　　**瓶罐套b（1片）**
・單位cm
・加上數字○的縫份後裁剪

① 蕾絲固定位置　　裁剪　　刺繡位置
　　　　　　　　　　　　　　　　　2.5

8.5

①

2.5

蕾絲固定位置　　裁剪

34

※沿著上下布邊的布紋剪少許牙口，可以呈現用手撕開的風貌。

結粒繡
○ =Olympus731
● =Olympus385
○ =Olympus121

十字繡
× =Olympus731
■ =Olympus385
▲ =Olympus121

29-b 刺繡圖案
結粒繡（6股線・繞1圈）

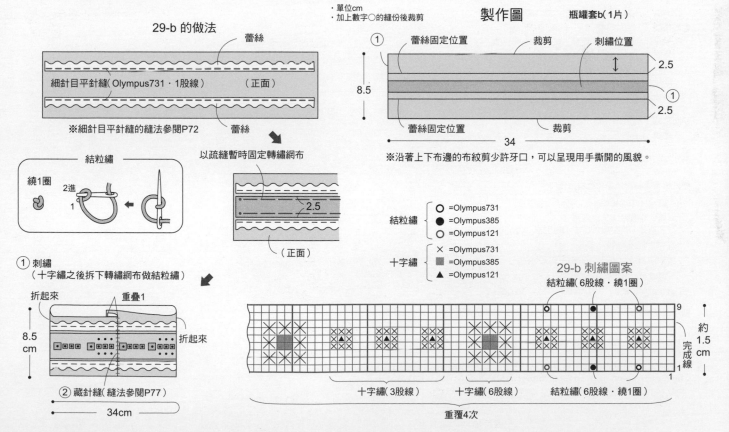

9

約1.5cm
完成線

1

十字繡（3股線）　　十字繡（6股線）　　結粒繡（6股線・繞1圈）

重覆4次

生活風！十字繡＆縮褶繡隨身小物

出版	瑞昇文化事業股份有限公司
編集	江原礼子
譯者	侯詠馨

總編輯	郭湘齡
責任編輯	闕韻哲
文字編輯	王瓊苹
美術編輯	朱哲宏
排版	律笛廣告設計工作室
製版	興旺彩色製版股份有限公司
印刷	皇甫彩藝印刷股份有限公司

戶名	瑞昇文化事業股份有限公司
劃撥帳號	19598343
地址	台北縣中和市景平路464巷2弄1-4號
電話	(02)2945-3191
傳真	(02)2945-3190
網址	www.rising-books.com.tw
Mail	resing@ms34.hinet.net

初版日期	2008年6月
定價	280元

●國家圖書館出版品預行編目資料

生活風！十字繡&縮褶繡隨身小物 ／
江原礼子編集；侯詠馨譯.
-- 初版. -- 台北縣中和市：瑞昇文化，2008.06
80面；21×26公分
ISBN 978-957-526-768-1 (平裝)
1.刺繡
426.2　　　　　　　　　　　　97010193

SHISHUU GA TANOSHII CHIISANA ZAKKA
© SHUFU-TO-SEIKATSUSHA CO., LTD. 2006
Originally published in Japan in 2006 by SHUFU-TO-SEIKATSUSHA CO., LTD..
Chinese translation rights arranged through DAIKOUSHA INC., KAWAGOE.